教育部高等学校电子信息类专业教学指导委员会规划教材

高等学校电子信息类专业系列教材

通信电子线路
实践教程

苏庆雄　　张泽旺　编著

清华大学出版社

北京

内 容 简 介

本书是一本集通信电子线路实践知识、基础性实验、通信系统综合性实验和综合设计为一体的通信电子线路实践教材。

全书共 4 章：第 1 章主要介绍基础电子元器件的类型、高频特性及参数选择，实验测量及数据处理，高频电路 PCB 设计及制作要点，以及常用实验仪器设备的功能及使用；第 2 章内容覆盖小信号调谐放大器、高频谐振功率放大器、正弦波振荡器、振幅调制与解调电路、变容二极管调频振荡器与相位鉴频器、混频电路等单元电路实验；第 3 章将独立的单元电路有机地连接成通信系统，包括振幅调制通信系统、频率调制通信系统、频率合成器和无线遥控系统等综合性实验；第 4 章兼有分立元件和集成芯片的通信电子电路，包含小信号调谐放大器、程控宽带放大器、小功率调频发射机、晶体管调幅接收机、集成电路的 AM/FM 接收机、锁相环频率合成的射频信号源及其应用等多种设计题型，可以满足不同层次的实践教学目标。

本书可作为高等学校电子、通信类专业本科生实验课程和有关课程设计的教材，也可作为电子工程基础训练和大学生电子设计竞赛的参考书，还可供从事高频电子电路设计的工程技术人员参考。

图书在版编目（CIP）数据

通信电子线路实践教程/苏庆雄，张泽旺编著.—北京：清华大学出版社，2023.9
高等学校电子信息类专业系列教材
ISBN 978-7-302-63026-5

Ⅰ.①通⋯ Ⅱ.①苏⋯ ②张⋯ Ⅲ.①通信系统－电子电路－高等学校－教材 Ⅳ.①TN91

中国国家版本馆 CIP 数据核字（2023）第 043794 号

责任编辑：赵　凯
封面设计：李召霞
责任校对：韩天竹
责任印制：曹婉颖

出版发行：清华大学出版社
　　　　　网　　　址：http://www.tup.com.cn，http://www.wqbook.com
　　　　　地　　　址：北京清华大学学研大厦 A 座　　　　邮　　编：100084
　　　　　社 总 机：010-83470000　　　　　　　　　　邮　　购：010-62786544
　　　　　投稿与读者服务：010-62776969，c-service@tup.tsinghua.edu.cn
　　　　　质量反馈：010-62772015，zhiliang@tup.tsinghua.edu.cn
　　　　　课件下载：http://www.tup.com.cn，010-83470236
印　装　者：北京嘉实印刷有限公司
经　　销：全国新华书店
开　　本：186mm×240mm　　印　张：12　　　　字　　数：197 千字
版　　次：2023 年 9 月第 1 版　　　　　　　　印　　次：2023 年 9 月第 1 次印刷
印　　数：1～1500
定　　价：69.00 元

产品编号：093214-01

前 言
PREFACE

以学生的学习产出为导向,培养工科学生的工程实践能力、工程设计能力,并提高其探索创新意识,一直是高等院校实践教学改革的热门方向;而通信电子线路实践教学又是电子信息、通信工程等专业的重要实践教学环节。作者通过长期理论教学经验、实践教学积累,以及参阅相关实践教学方面的书籍,编写成本书。旨在通过精心设计的实践训练项目,循序渐进地开展实践教学,激发学生对通信电子线路的学习兴趣,提高学生在实践教学环节的学习效果,促进学生的理论知识、实践能力和综合素质协调发展。在全书编写中,主要考虑以下三个方面:

(1) 理论知识与工程实践并重。

在进行通信电子线路实验之前,要求掌握一定理论基础知识和工程实践要领。认识电容、电感、二极管、三极管等基础元器件的高频电气性能,学会基础元器件的选型和参数选择,熟悉通信电子电路实验的操作规程、电子电路测量方法,以及实验数据处理规范,掌握高频电路 PCB 设计的一般原则和高频电子电路的制作要点,了解常用实验仪器设备的主要功能、性能指标和使用方法。在每个实验中,都有明确的实验目的、实验原理、实验测量,以及数据处理与分析总结等要求,避免实验流于形式、为实验而实验。在实验过程中,强调学生正确使用测量仪器,注重实验全过程表现的考核。在完成实验之后,附有思考问题,以便学生带着疑问进行实验探索,也有利于学生进行学习反思。

(2) 内容覆盖全面、结构层次分明、难度循序渐进。

全书编排涵盖通信电子线路实践的基础知识、从基础实验到综合性实验、再到综合设计,实践层次循序深入,满足不同教学目标的需要,突破传统只有单元电路实验的局限性。如果把单元电路的基础实验比喻为不同功能的"一棵棵树木",那么综合性实验就是把"一棵棵树木"有机地联系起来形成"整片森林",拓展学生的视野,避免"只见树木而不见森林"的片面性。通过综合性实验环节,建立通信电子电路系统的整体概念,加深对通信电子电路的系统组成及其工作原理的理解。在通信电子电路系统的联调和测试过程中,需要多人协作完成,要求学生系统地思考问题、系统地分析问题和系统地解决问题,训练学生的团队协作能力和解决复杂工程问题的能力。

（3）强化设计理念,培养探索研究和设计创新的能力。

编排了小信号调谐放大器、程控宽带放大器、小功率调频发射机、晶体管 AM 接收机、集成电路 AM/FM 接收机、锁相环频率合成信号源及其应用等多种设计题型,兼顾分立元件和集成芯片的通信电子电路。基于分立元件的通信电子电路的综合设计,要求熟悉电路构成及其工作原理,掌握电路设计方法及参数计算方法。而基于集成芯片的通信电子电路的综合设计,要求读懂技术资料、了解技术发展现状,掌握芯片外围电路、芯片之间的连接电路、芯片的编程控制等应用设计。综合设计以项目驱动为载体,可以在教师指导下实施课程设计,也可以使学生在课外自主完成设计,激发学生创新思维。设计内容分为前期文献调研、方案设计、电路设计及参数计算、软件设计、PCB 设计、电路焊接组装、调试验证和性能测试等环节,是提升学生综合能力的重要途径。

全书分为 4 章,使用本书时可以根据实践课时安排选择各章内容,以满足不同层次的教学目标。

本书第 1 章由张泽旺主笔编写,第 2 章在清华大学科教仪器厂的实验箱及提供的技术资料的基础上编写而成,第 3、4 章由苏庆雄主笔编写,全书由苏庆雄统稿、定稿。

在本书的编写过程中,得到厦门理工学院和清华大学出版社诸多领导、老师的大力支持与帮助,并提出许多宝贵的意见,在此谨致以衷心的感谢! 笔者参考了大量文献和清华大学科教仪器厂等厂商提供的技术资料,在此谨向其作者表示衷心的感谢!

由于编者水平有限,书中漏误之处在所难免,恳请读者批评指正。

编　者

2023 年 6 月

目　录
CONTENTS

第1章

通信电子线路实践基础

电子元器件是高频电子电路的基本组成部分,是电路的基本单元。电子元件的选型及参数选择对通信电子线路的电气性能、可靠性、寿命周期等技术指标有很大的影响。因此,能正确有效地选择和使用电子元件是提高电子产品可靠性水平的重要工作。能正确地使用测量仪器,定性观察电路的动态过程,定量测量各种电参数,直接观察和真实显示被测信号波形,能正确处理实验测量中的大量数据等,是通信电子线路的实践基础,是从事电子信息科学研究和工程实践的基础。

1.1 通信电子线路基础元器件的选型及参数选择

1.1.1 高频电容器

1. 高频电容器的类型

高频电容器按材质划分,可分为云母电容器、纸介电容器、陶瓷电容器和薄膜电容器等类型。

1) 云母电容器

一般是用金属箔和云母片交叠而成。新工艺上也有将铝或银粉喷涂在云母上,叠好,再在外面用胶木、塑料或瓷质等纯绝缘材料压紧、封固。这种电容器的优点是:容量比较准确,漏电损耗小,温度稳定性好,绝缘电阻高,频率特性好,可用于中频、高频及要求耐压高的电路。缺点是:价格较贵,容量范围小。

2）纸介电容器

用两条长条形铝箔和两张条形绝缘纸交替叠好,卷成圆柱形,接出引线,经过浸蜡等工艺封固而成。这种电容器的优点是:容量范围大,从几微法到几百微法都有,耐压程度一般也可满足要求,价格比较低廉。缺点是:易损坏,使用年限较短。适用于频率小于 0.5MHz 的电路。

3）陶瓷电容器

陶瓷电容由特殊陶瓷制成,分低介电常数型(Ⅰ型)、高介电常数型(Ⅱ型)和半导体型(Ⅲ型)3 种。Ⅰ型容量不能做得太大,温度变化时容量也跟着线性变化,可以做成多种多样的温度系数;容量偏差小,容量稳定;绝缘电阻极高;耐热,寿命长,体积小。Ⅱ型和Ⅲ型介电常数高,易做成容量大、体积小的产品。Ⅱ型、Ⅲ型与Ⅰ型特性基本相同,只不过它们没有温度系数线性和容量偏差小的特点。Ⅰ型产品主要用于对温度稳定性要求比较高的电路,如晶振、A/D 转换和 V/F 转换电路的积分电容等,还可以用做温度补偿电容。Ⅱ型和Ⅲ型体积小,容量大,适宜作为高频滤波电容。

4）薄膜电容器

介质用特殊塑料做成,如聚苯乙烯电容器、涤纶电容器。优点是:耐压高、介质损耗小、绝缘电阻高、电容量比较稳定,可用于高、中频电路。缺点是:不耐高温。

除了上述高频电容以外,在通信电子线路中也会用到铝电解电容器、钽电解电容器等。

2. 高频电容器的应用

1）高频电容器的等效

由介质隔开的两导体即构成电容。片状电容在高频电路中的应用十分广泛,可以用于滤波器调谐、匹配网络、晶体管的偏置等很多电路中。电容的高频等效电路如图 1.1 所示,其中 L_c 为引线的寄生电感,描述介质损耗用一个并联的电阻 R_c。

由于存在介质损耗和有限长的引线,电容显示出与电阻同样的谐振特性。一个典型的 1pF 电容阻抗绝对值与频率的关系如图 1.2 所示。

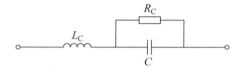

图 1.1　电容的高频等效电路

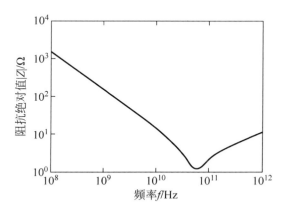

图 1.2　典型电容阻抗绝对值与频率的关系

在高频时,电容中的电解质产生了损耗,造成电容器呈现的阻抗特征只有低频时才与频率成反比。

2）旁路退耦电容器

旁路电容是把输入信号中的高频成分作为滤除对象。退耦电容是把输出信号的干扰作为滤除对象。退耦电容和旁路电容都是起到抗干扰的作用,只是电容所处的位置不同。高频旁路电容一般比较小,根据谐振频率一般是 $0.1\mu F$、$0.01\mu F$ 等,而退耦电容一般比较大。

在退耦网络的谐振频率之下,两个最重要的条件是:①具有足够的电容以提供所需的瞬态电流;②提供一个足够低的阻抗以短路 I_c 所产生的噪声电流。

通过使用多电容网络,高频阻抗显著减小,低频阻抗没有减小,只是谐振下降的慢。实际上,在低频时,单一电容网络谐振时,使用多个电容时的阻抗通常高于使用单一电容时的阻抗。这是因为在 $0.1pF$ 的情况下,总电容没有足够大到使网络呈现低阻抗。因此,使用大量等值电容是一个使低阻抗退耦网络在宽频带范围内实现的一个有效方法。这个方法在对大的 I_c 退耦时非常有效。另外,不同值的多个电容,基于大电容将提供有效低频退耦,而基于小电容将提供有效高频退耦,有时建议用两个不同值的退耦电容。

为了减少器件产生的噪声干扰,退耦电容的取值根据退耦频率来确定,即

$$f = \frac{1}{2\pi\sqrt{LC}}$$

式中,L 为电路的分布电感;高速芯片内部开关操作可能高达几吉赫,退耦电容同样需要有很好的高频特性。

3)谐振回路电容器

谐振电容器是一种谐振电路元器件,往往是电容和电感并联或串联。当电容器放电时,电感开始产生一个逆向的反冲电流,电感充电;当电感的电压达到最大时,电容放电完毕,之后电感开始放电,电容开始充电,这样的往复运作,称为谐振。而在此过程中电感由于不断地充放电,于是就产生了电磁波。在含有电容和电感并联的电路中,在某个很小的时间段内,电容的电压逐渐升高,而电流却逐渐减少;与此同时,电感的电流逐渐增加,电感的电压却逐渐降低。而在另一个很小的时间段内,电容的电压逐渐降低,而电流却逐渐增加;与此同时,电感的电流逐渐减少,电感的电压却逐渐升高。电压的增加可以达到一个正的最大值,电压的降低也可达到一个负的最大值,同样电流的方向在这个过程中也会发生正负方向的变化,此时称为电路发生电的振荡。

谐振电容器选择,一般用于 10MHz 以上的电路,谐振电容器的取值一般小于 $0.01\mu F$。通过电容阻抗公式:

$$X_L = \frac{1}{2\pi fC}$$

工作频率越高、电容值越大,电容的阻抗越小。根据谐振频率,得

$$f_0 = \frac{1}{2\pi\sqrt{LC}}$$

在谐振电路中,电容一般可以取 $10pF \sim 0.01\mu F$。由于引线和 PCB 布线的参数原因,实际上电容器也可以等效为电感和电容的并联电路。在 LC 并联谐振回路中,当工作频率大于谐振频率 f_0 时,LC 并联回路呈容性;当工作频率小于谐振频率 f_0 时,LC 并联回路呈感性;当工作频率等于谐振频率 f_0 时,LC 并联回路呈

电阻性。

1.1.2　高频电感器

1. 高频电感器的类型

高频电感器可分为天线线圈、振荡线圈和扼流线圈等类型。

1）天线线圈

天线线圈是在磁棒上绕两组彼此不连接的线圈,构成了高频性质的变压器。作用是将空中的无线电波转换成高频电流传送到接收机的输入端,或将发射机的高频电流传送到发射天线辐射出去,具有选频、传送、匹配阻抗等作用。

2）振荡线圈

振荡线圈分为中波振荡线圈、短波振荡线圈。振荡线圈的整个结构装在金属屏蔽罩内,下面有引出脚,上面有调节孔,磁帽和磁芯都是由铁氧体制成的。线圈绕在磁芯上,再把磁帽罩在磁芯上,磁帽上有螺纹,可在尼龙支架上旋上旋下,从而调节了线圈的电感量。

3）共扼流线圈

将传输电流的两根导线按照图 1.3 的方法绕制。这时,两根导线中的电流在磁芯中产生的磁力线方向相反,并且强度相同,刚好抵消,所以磁芯中总的磁感应强度为 0,因此磁芯不会饱和;而对于两根导线上方向相同的共模干扰电流,则没有抵消的效果,会呈现较大的电感。由于这种电感只对共模干扰电流有抑制作用,而对差模电流没有影响,因此叫共模扼流圈。

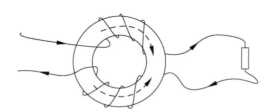

图 1.3　共模扼流圈

2. 高频电感器的应用

1）高频电感器的等效

电感通常由导线在圆导体柱上绕制而成，主要用于晶体管的偏置网络或滤波器中。电感除了考虑本身的感性特征，高频时还需要考虑导线的电阻以及相邻线圈之间的分布电容。电感的等效电路模型如图 1.4 所示。

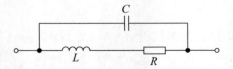

图 1.4　电感的高频等效电路

电感的高频特性与理想电感的预期特性不同，其电抗特性如图 1.5 所示。当频率接近谐振点时，高频电感的阻抗迅速提高；当频率继续提高时，寄生电容 C 成为主要的影响，线圈阻抗逐渐降低。

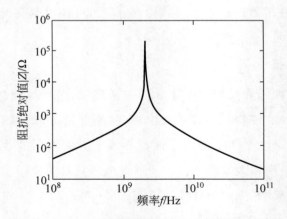

图 1.5　电感阻抗绝对值与频率的关系

在低频时电感的阻抗响应随频率的增加而呈线性增加。达到谐振点前开始偏离理想特征，最终变为呈电容性。

2）高频电感的应用电路

在分频电路中，电感器与电容器组成分频网络，对高、低音进行分频，以改善频响效果。在接收机选频电路中，天线线圈与电容组成并联谐振网络，对磁棒天线接收到的无线电信号进行选频；在振荡电路中，振荡线圈与电容组成振荡回路；振荡信号与接收信号在晶体管内进行混频。混频后的信号从晶体管集电极输出，并由中频变压器送往中频放大器；在电视接收机中，行振荡线圈与行振荡管组成振荡回路，经过自动频率控制电路，以达到行同步的目的。

图 1.6 所示是一种较典型的并联谐振回路匹配电路，在甚高频或大功率输出级，广泛利用 LC 变换网络来实现调谐和阻抗匹配。这种电路形式很多，就其结构来看，可概括为 L 形、T 形、π 形三类。图中 R_L 是负载电阻，R_S 是信号源输出电阻。当电路用作级间匹配网络时，R_L 是下一级放大器的输入电阻，R_S 是前一级放大器的输出电阻。当电路用在输入级或输出级时，R_S，R_L 的具体含义视工作情况确定。

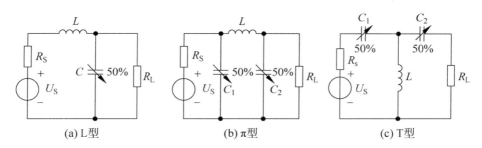

(a) L型　　　　　　(b) π型　　　　　　(c) T型

图 1.6　并联谐振回路匹配电路

1.1.3　高频二极管

1. 高频二极管的类型

1）快恢复二极管

快恢复二极管的内部结构与普通二极管不同，它是在 P 型、N 型硅材料中间增加了基区 I，构成 P-I-N 硅片。由于基区很薄，反向恢复电荷很小，不仅大大减小了反向恢复时间 T_{rr} 值，还降低了瞬态正向压降，使管子能承受很高的反向工作电压。快恢复二极管的反向恢复时间一般为几百纳秒，正向电流是几安至几千安，反向峰值电压可达几百到几千伏。超快恢复二极管 SRD 在快恢复二极管基础上发展而成的，其反向恢复时间 T_{rr} 比 FRD 更短，是极有发展前途的电力、电子半导体器件。

2）肖特基二极管

肖特基二极管是肖特基势垒二极管的简称。肖特基二极管是利用金属与半导体接触形成的金属-半导体结原理制作的。因此,肖特基二极管也称为金属-半导体（接触）二极管或表面势垒二极管,它是一种热载流子二极管。SBD 的结构及特点使其适合在低压、大电流输出场合用作高频整流,在非常高的频率下（如 X 波段、C 波段、S 波段和 Ku 波段）用于检波和混频,在高速逻辑电路中用作钳位。

3）检波二极管

检波二极管又分为峰峰值检波二极管和平方律检波二极管,是用于把叠加在高频载波上的低频信号检出来的器件,它具有较高的检波效率和良好的频率特性。选用时,应根据电路的具体要求来选择工作频率高、反向电流小、正向电流足够大的检波二极管。检波和整流的原理是一样的,而整流的目的只是为了得到直流电,而检波则是从被调制波中取出信号成分（包络线）。高频电路中,检波二极管的结电容一定要小,通常为点接触二极管。为提高检波效率,要求正向电压降 V_F 要小,所以通常采用正向压降比较低的锗材料。

4）开关二极管

利用其单向导电特性使其成为一个较理想的电子开关。开关二极管导通时相当于开关闭合（电路接通）,截止时相当于开关打开（电路切断）,所以二极管可作开关用。开关二极管是专门用来做开关用的二极管,它由导通变为截止或由截止变为导通所需的时间比一般二极管短。开关二极管具有良好的高频开关特性（反向恢复时间较短）,被广泛应用于各类高频电路中。

5）PIN 型二极管

这是在 P 区和 N 区之间夹一层本征半导体（或低浓度杂质的半导体）构造的晶体二极管。PIN 中的 I 是"本征"含义的英文缩略语。当其工作频率超过 100MHz 时,由于少数载流子的存储效应和"本征"层中的渡越时间效应,其二极管失去整流作用而变成阻抗元件,并且,其阻抗值随偏置电压而改变。在零偏置或直流反向偏置时,"本征"区的阻抗很高;在直流正向偏置时,由于载流子注入"本征"区,而使"本征"区呈现出低阻抗状态。因此,可以把 PIN 二极管作为可变阻抗元件使用。它常被应用于高频开关（即微波开关）、移相、调制、限幅等电路中。

2．高频二极管参数选择

1）最大整流电流

二极管在长期稳定工作时，允许通过的最大正向平均电流。因为电流通过 PN 结会引起管子发热，电流太大，发热量超过限度，就会使 PN 结烧坏，所以在实际应用时工作电流通常小于 I_{FM}。

2）最大可重复峰值反向电压

指所能重复施加的反向最高峰值电压，通常是反向击穿电压 V_{BR} 的一半。击穿时，反向电流剧增，二极管的单向导电性被破坏，甚至因过热而烧坏。

3）反向恢复时间

当工作电压从正向电压变成反向电压时，电流不能瞬时截止，需延迟一段时间，延迟的时间就是反向恢复时间。T_{rr} 直接影响二极管的开关速度，在高频开关状态时，通常反向恢复时间越小越好。大功率开关管工作在高频开关状态时，此项指标尤为重要，T_{rr} 越小管子升温越小，效率越高。

4）结电容

结电容包括势垒电容和扩散电容的总效果，它的大小除了与本身结构和工艺有关外，还与外加电压有关。在高频电路中，由于结电容的存在，随着信号频率的增高，其阻抗下降；若结电容过大，就相当于在其两端并上一个可观的电容。由于电容的旁路作用，将降低二极管的高频响应。

5）正向电压降

二极管通过额定正向电流时，在两极间所产生的电压降。通常硅材料的二极管 $V_F > 1V$，锗材料、肖特基二极管为 0.5V 左右，根据需求进行选择。

6）反向电流

指管子击穿时的反向电流，其值越小，则管子的单向导电性越好。反向电流 I_R 与温度有密切联系，温度越高，反向电流 I_R 会急剧增加，所以在使用二极管时要注意温度的影响。

1.1.4 高频三极管

1. 高频三极管的类型

高频三极管一般应用在 VHF、UHF、CATV、无线遥控、射频模块等高频宽带低噪声放大器上,这些使用场合大都用在低电压、小信号、小电流、低噪声条件下,其功率最大 2.25W,集电极电流最大 500mA。

高频三极管按照材质划分,可分为硅管材质的三极管和锗管材质的三极管。按照结构划分,可分 NPN 型三极管和 PNP 型三极管。按照功能划分,可分为开关管、功率管、达林顿管、光敏管等。按照功率划分,可分为小功率管、中功率管、大功率管。按照工作频率分,可分为高频管、超频管。按照结构工艺分,可分为合金管、平面管。按照安装方式分,可分为插件三极管、贴片三极管。

1)普通高频三极管

普通高频晶体管一般用于小信号处理(例如,图像中放、伴音中放、缓冲放大等)电路中。

2)超高频低噪声功率管

超高频低噪声功率管是一种基于 N 型外延层的晶体管,具有高功率增益、低噪声的功率特性以及大动态范围和理想的电流特性。主要应用于 VHF、UHF、CATV、无线遥控、射频模块等高频宽带低噪声放大器。

3)中功率高频三极管

中功率高频三极管应用于彩色电视机中的行推动管,应选用中功率的高频晶体管。其耗散功率应大于或等于 10W,最大集电极电流应大于 150mA,最高反向电压应大于或等于 250V。

4)大功率高频三极管

大功率高频三极管应用于输出级,如彩色电视机中使用的行输出管属于高反压大功率晶体管,其最高反向电压应大于或等于 1200V,耗散功率应大于或等于 50W。

2. 高频三极管的参数选择

1）电流放大系数

晶体管集电极电流 I_C 与基极电流 I_B 的比值称为电流放大系数，一般用 β 表示。当晶体三极管工作在低频段时，电流放大系数可以看成是常数 β_0；但是工作在高频段时，晶体管的电流放大系数是频率的函数，随着工作频率的增加电流放大系数下降。

$$|\beta| = \frac{\beta_0}{\sqrt{1 + \left(\dfrac{f}{f_\beta}\right)^2}}$$

其中，$f_\beta = \dfrac{1}{2\pi C_{b'e} r_{b'e}}$。

高频电路的放大系数与特征频率、截止频率有关。f_T 为特征频率，即 β 值下降到 1 的频率，是表征晶体管在高频时放大能力的一个基本参量。f_β 为截止频率，即共射放大电路中保持输入信号的幅度不变，改变频率使输出信号降至最大值的 0.707 倍，用频响特性来表述即为 $-3\mathrm{dB}$ 点处即为截止频率。

2）耗散功率

耗散功率也叫集电极最大允许耗散功率 P_{CM}，是晶体管参数变化不超过规定允许值时的最大集电极耗散功率。它与晶体管的最高允许结温和集电极最大电流有密切关系，晶体管使用时，其实际耗散功率不允许超过 P_{CM} 值，否则晶体管会因过载而损坏。$P_{CM} < 1\mathrm{W}$ 的叫小功率晶体管，$1\mathrm{W} < P_{CM} < 5\mathrm{W}$ 的叫中功率晶体管，大于 $5\mathrm{W}$ 的是大功率晶体管。

3）频率特性

晶体管的放大系数和工作频率有关，如果超过了工作频率，则会出现放大能力减弱甚至失去放大作用。晶体管的频率特性主要包括特征频率 f_T 和最高振荡频率 f_M 等。最高振荡频率 f_M 是晶体管的功率增益降为 1 时所对应的频率，通常高频晶体管的最高振荡频率低于共基极截止频率 f_a，而特征频率 f_T 则低于共基极截止频率 f_a，高于共射电极截止频率 f_β。

4）集电极最大电流

是晶体管集电极所允许通过的最大电流，当晶体管的集电极电流 I_C 超过 I_{CM}

时，晶体管的 β 值等参数将发生明显变化，影响其正常工作，甚至发生损坏。

5）最大反向电压

最高反向工作电压指晶体管在工作时允许施加的最高工作电压，包括集电极-发射极反向击穿电压、集电极-基极反向击穿电压和发射极-基极反向击穿电压。集电极-发射极反向击穿电压指晶体管基极开路时，集电极与发射极之间的最大允许反向电压，表示临界饱和时的饱和电压，用 V_{CEO} 或者 BV_{CEO} 表示。集电极-基极反向击穿电压是发射极开路时，集电极与基极之间的最大允许反向电压，用 V_{CBO} 或 BV_{CBO} 表示。发射极-基极反向击穿电压指晶体管的集电极开路时，发射极与基极之间的最大允许反向电压，用 V_{EBO} 或 BV_{EBO} 表示。

6）反向电流

反向电流包括集电极-基极之间的反向电流 I_{CBO} 和集电极-发射极之间的反向击穿电流 I_{CEO}。I_{CBO} 也叫集电结反向漏电流，是当晶体管的发射极开路时，集电极与基极之间的反向电流。I_{CBO} 对温度较敏感，该值越小，说明晶体管的温度特性越好。I_{CEO} 也叫穿透电流。反向电流值越小，说明晶体管的性能越好。

1.2　通信电子线路实验测量及数据处理

1.2.1　实验数据测量

实验测量是通信电子线路实验的重要内容。借助仪器仪表获取被测对象量值，从而获得反映研究对象特性的信息，有助于认识事物，掌握事物发展变化的规律，探寻解决问题的方法。借助科学的测量方式、方法和先进的仪器设备，可以使通信电子线路的实验误差更小，能够极大地提高实验质量。

1. 测量方式

测量可分为直接测量、间接测量、组合测量三种方式。表 1.1 列举了三种方式的基本测量思想和测量特点。

表 1.1　测量方式的思想和特点

测 量 方 式	思　　　想	特　　　点
直接测量	利用仪器仪表直接测量获得测量结果的方式,如使用万用表直接测量电压、电流、电阻等	简单方便
间接测量	利用被测量数值与几个物理量之间存在的某种函数关系,直接测量这些物理量的值,再由函数关系计算出被测值。如测量调谐放大器的电压放大倍数 K,一般是分别测量电路输出电压 U 和输入电压 U,通过放大倍数公式计算出 K	常用于不便直接被测量,或者间接测量的结果比直接测量更为准确的场合
组合测量	综合利用直接测量和间接测量获得测量结果的方式,将被测量和另外几个量组成联立方程,通过求解方程得到被测量的大小	用计算机求解比较方便

2. 测量方法

测量方法有直读法、比较测量法、时域测量法、频域测量法等。直接从仪器仪表上读数得到测量值的方法称为直读法。例如,用万用表测量电压、电流、电阻,用功率表测量功率等。在测量过程中,将被测量与标准量直接进行比较获得测量结果的方法称为比较测量法,例如,电桥利用标准电阻对被测量进行测量。比较测量法的特征是标准量直接参与被测量过程,测量准确、灵敏度高,适合精密测量,但是测量过程比较麻烦。需要注意的是,测量方式与测量方法在概念上有区别。用万用表或功率表直接测量的方法,既是直接测量方式,也是直读法。但是,用电桥测量电阻是直接测量方式,属于比较测量法。

3. 测量误差

在通信电子线路实验中,为准确获取被测量值,必须准确测量。需要选用合适的仪器设备,借助一定的实验方法,以获取实验数据,并针对这些实验数据进行一定的计算、误差分析与数据处理。被测量有一个真实值,它由理论计算得出,我们将其定义为真值。实际测量时,由于受测量仪器精度、测量方法、环境条件、测量者能力等的限制,实际测量值与真值之间不可避免地存在差异,这种差异表现在数值上称为误差。误差可以被控制得越来越小,但是误差自始至终存在于所有实验中。

1）测量误差的来源

测量误差主要来源及产生原因如表 1.2 所示。

表 1.2　测量误差主要来源及产生原因

误差来源	产生原因
仪表误差	由于仪表的电气或机械性能不完善产生的误差
方法误差（理论误差）	由于使用测量的方法不完善，理论依据不严密，对某些经典测量方法做了不适当的修改或简化产生的误差。例如，利用伏安表测量电阻时，直接以电压表示值与电流表示值之比作为测量结果，而不计电表本身内阻的影响，这样就会引起误差
操作误差（使用误差）	在使用仪表过程中，因安装、调节、布置、使用不当引起的误差
人身误差	由于人的感觉器官和运动器官的限制造成的误差
影响误差（环境误差）	由于温度、大气压、电磁场、机械振动、声音、光照、放射性等因素造成的误差

根据误差的性质和特点，测量误差可分为系统误差、随机误差（偶然误差）和疏失误差（粗大误差）三类。

2）系统误差

实验时，在规定条件下对同一被测量进行多次测量，如果误差的数值保持稳定，或者按照某种规律变化，则称这类误差为系统误差。系统误差产生的原因：测量仪器不准确；测量设备安装、放置不当；测量时的环境条件与仪器要求的环境条件不一致；测量方法不完善或所依据的理论不严格，采用了不适合的简化和近似；测量人员读数不准确，习惯性偏于某一方向或滞后读数等。系统误差的产生原因是多方面的，针对上述原因，可以适当采取相应措施消除或减小系统误差：定期对测量仪器采用高级的标准仪器进行鉴定和校准，求出其修正值，对测量结果进行校正；仪器的放置位置、工作状态、使用环境条件，以及附件的连接和使用要符合规定；实验者要善于正确操作所使用的仪器仪表，提高实验水平，增强责任心，改变不正确的习惯；采用数字式仪器仪表代替指针式仪器仪表。

3）随机误差（偶然误差）

在规定条件下，对同一被测量进行连续多次测量，若误差数值发生不规则变化，则这种误差称为随机误差。随机误差多由互不相关的诸多因素造成。随机误差产生的原因：电路热噪声、外界干扰、电磁场变化、大地微震等。随机误差无法预知，但是多次测量时，随机误差的绝对值不会超过一定界限，绝对值相等的正负误差出现的概率相同，如果测量次数足够，则随机误差的均值趋于 0。因而，在实验中，若发现在相同条件下，某一被测量的测量结果不同，则应在同条件下多次重复测量，取全部实验数据的平均值作为测量结果，这样能够减小随机误差。

4）疏失误差（粗大误差）

在一定测量条件下，测量结果显著地偏离真值，这种误差称为疏失误差。疏失误差产生的原因：测量者缺乏经验、操作不当等造成测错、读错、记错或算错测量结果的情况；此外，仪器有缺陷、测量方法错误、电源电压不稳、机械冲击等情况也会造成这种误差。疏失误差明显歪曲了测量结果，含有疏失误差的测量数据称为坏值，一经确认应该删除不用。

5）测量误差的表示方法

（1）绝对误差。

被测量的仪器读数（实验数据）X 与真值（理论数据）A 之间的差值称为绝对误差 ΔX，$\Delta X = X - A$，ΔX 是具有大小、正负和量纲的数值，其大小和正负表征测量结果偏离真值的程度和方向。

（2）相对误差。

绝对误差 ΔX 与被测量真值之比（用百分数表示）称为相对误差 γ，即

$$\gamma = \left(\frac{\Delta X}{A}\right) \times 100\%$$

1.2.2　数据处理及实验报告格式

1. 实验数据处理

实验数据处理是指对实验测量所得数据的计算、分析和整理，有时还要归纳成一定的表达式，或者画出表格、曲线图等。数据处理是建立在误差分析的基础上，

通过分析来得到正确的科学结论。数据处理的方法包括有效数字及数字的舍入、非等精度测量与加权平均、最小二乘法回归分析等。

1) 有效数字

当实验数据存在误差,计算无理数需要近似时,数值采用有效数字表示。利用有效数字记录数据结果时,需要注意以下几点。

有效数字的表示。有效数字是指从数据左边第一个非零数字开始,直到右边最后一个数字为止所包含的数字。例如,0.08702A,有效数字为 8、7、0、2,左边的两个"0"不是有效数字,中间的"0"为有效数字。

有效数字的取舍。有效数字的末位数字与测量精度有关,因而当末位数字为 0 时,不能随意舍弃。例如,0.840A,表明测量误差不超过 0.0005A,而 0.84A 则表示测量误差不超过 0.005A,测量精度不同。有效数字的取舍应该与实验数据的误差要求保持一致。

有效数字的位数不应因为单位的不同而变化。如,2A 等同于 2×10^3 mA,不等同于 2000mA,因为两者对应的测量精度不同。2.000A 等同于 2000mA,二者有效数字位数相同,对应的测量精度一致。

2) 有效数字的取舍

保留有效数字时,为减小累积误差,实验数据的取舍规则一般不采用只舍不入、四舍五入等规则,而采用"小于 5 舍,大于 5 入,等于 5 偶"规则进行取舍。若第 $n+1$ 位及其后面的数字小于第 n 位单位数字的一半,则舍弃;若大于第 n 位数字的一半时,则第 n 位数字进 1;若第 $n+1$ 位及其后面的数字恰好等于第 n 位单位数字的一半,当第 n 位数字为偶数或为零时,则舍弃后面的数字;当第 n 位数字为奇数时,则第 n 位数字进 1。采用这些规则对测量数据或计算结果的多余位数进行处理,实际上是从不确定处对齐截断,这样做既能正确反映被测量的真实和可信程度,又可以使数据的表达避免冗长和累赘。

3) 实验数据的整理

实验过程中记录的原始测量数据需要进行整理,再通过分析、评估给出切合实际的实验结果和结论。通常将原始数据按序排列,剔除坏值和偏差较大的值,补测缺损数据。

4）实验数据的表示方法

经过整理的实验数据采用列表或图形的方式表示出来，体现实验规律和结果。列表法是常用的实验数据表示方法，其特点是形式紧凑，方便数据的比较和检验。图形法则更加直观、形象，能够清晰地反映出变量之间的函数关系和变化规律。

5）实验报告格式

实验报告格式参考附录 C。

1.3　高频电路设计制作要点

高频电路基本上是由无源元件、有源器件和无源网络组成的。高频电路中使用的元器件与低频电路中使用的元器件频率特性是不同的。高频电路中无源线性元件主要是电阻（器）、电容（器）和电感（器）。高频电路中的无源组件或无源网络主要有高频振荡（谐振）回路、高频变压器、谐振器与滤波器等，它们完成信号的传输、频率选择及阻抗变换等功能。

1.3.1　高频电子电路设计的一般原则

对于高频线路，走线的合理性直接影响到电路的性能。在高频电路线路的设计中（尤其对 10MHz 以上的频率），为了能够得到应有的高频电路特性，必须注意以下几点。

1. 地的高频阻抗值

应尽量将地的高频阻抗值降低，在低频电路中常采用一点接地，使各接地点成为同电位。在高频电路中也同样必须使电路的各接地点电位相同。但是在高频电路中往往由于走线较长，要达到一点接地较为困难。因此，如何使地的阻抗值降低，使各接地点的电位尽量相同是相当重要的。

2. 走线所产生的电感成分

应将走线所产生的电感成分尽量降低。在高频电路中，连接各元件的走线具有电感量成分。配线愈长电感量成分愈高，会使频率特性恶化（由电感成分和杂散电容形成低通滤波器),也可能发生振荡(由于电感成分使相位偏离)。

因此,原则上走线要粗短,元件的排布要按此原则进行。且插脚式晶体管、电阻、电容等元件的端子具有电感成分,当频率很高时不可以忽略不计。因此,元件的端子也应该尽量缩短。最好在高频电路中采用贴片元件以减少元件端子的电感量。

3. 电路间的高频偶合

防止电路间的高频耦合,信号频率越高、波长越短,便越容易成为电磁波发射到空中。因此,对于几十兆赫上的信号,大多应采用铜片或镀锡铁片将电路全体隔离,以防止电路内部和外部高频的耦合。在同一电路内,为了防止电路内部的耦合,也可采用隔离方式处理,并将隔离罩接地,亦可降低接地电阻抗。另外,在电源供给线上串联电感或磁环,并可加入贯穿电容,以防止高频经电源线耦合。步骤如下:①收集资料、消化资料;②选择原理电路,分析并计算电路参数;③绘制电路原理图;④挑选合适的元器件型号,绘制元件明细表;⑤设计印制电路板。

1.3.2 高频电路 PCB 设计一般原则

1. 布线技术

多层板布线,高频电路往往集成度较高,布线密度大,采用多层板既是布线所必需,也是降低干扰的有效手段。在 PCB 分层阶段,合理地选择一定层数的印制板尺寸,能充分利用中间层来设置屏蔽,更好地实现就近接地,并有效地降低寄生电感和缩短信号的传输长度,同时还能大幅降低信号的交叉干扰等,所有这些方法都对高频电路的可靠性有利。高速电子器件管脚间的引线弯折越少越好,高频电路布线的引线最好采用全直线,需要转折可用 45°折线或者圆弧转折。这种要求在低频电路中仅仅用于提高铜箔的固着强度,而在高频电路中,满足这一要求却可以减少高频信号对外的发射和相互间的耦合。

高频电路器件管脚间的引线越短越好。信号的辐射强度是和信号线的走线长度成正比的,高频的信号引线越长,它就越容易耦合到靠近它的元器件上去。所以,对于诸如信号的时钟、晶振、DDR 的数据、LVDS 线、USB 线、HDMI 线等高频信号线都是要求走线越短越好。高频电路器件管脚间的引线层间交替越少越好。

所谓"引线的层间交替越少越好"是指元件连接过程中所用的过孔越少越好。据测,一个过孔可带来约 0.5pF 的分布电容,减少过孔数能显著提高速度和减少数据出错的可能性。

高频电路布线要注意信号线近距离平行走线所引入的"串扰",串扰是指没有直接连接的信号线之间的耦合现象。由于高频信号沿着传输线是以电磁波的形式传输的,信号线会起到天线的作用,电磁场的能量会在传输线的周围发射,信号之间由于电磁场的相互耦合而产生的不期望的噪声信号称为串扰。PCB 板层的参数、信号线的间距、驱动端和接收端的电气特性以及信号端接线方式对串扰都有一定的影响。

所以为了减少高频信号的串扰,在布线的时候要求做到以下几点:①在布线空间允许的条件下,在串扰较严重的两条线之间插入一条地线或地平面,这样可以起到隔离的作用而减少串扰;②当信号线周围的空间本身就存在时变的电磁场时,若无法避免平行分布,可在平行信号线的反面布置大面积"地"来大幅减少干扰;③在布线空间许可的前提下,加大相邻信号线间的间距,减小信号线的平行长度,时钟线尽量与关键信号线垂直而不要平行;④如果同一层内的平行走线无法避免,在相邻两个层,走线的方向务必相互垂直。

在数字电路中,通常的时钟信号都是边沿变化快的信号,对外串扰大。所以在设计中,时钟线宜用地线包围起来并多打地线孔来减少分布电容,从而减少串扰。对高频信号时钟尽量使用低电压差分时钟信号并包地方式,需要注意包地打孔的完整性。闲置不用的输入端不要悬空,而是将其接地或接电源(电源在高频信号回路中也是地),因为悬空的线有可能等效于发射天线,接地就能抑制发射。实践证明,用这种办法消除串扰有时能立即见效。集成电路块的电源引脚增加高频退耦电容每个集成电路块的电源引脚就近增加一个高频退耦电容。增加电源引脚的高频退耦电容,可以有效地抑制电源引脚上的高频谐波形成干扰。

高频数字信号的地线和模拟信号地线做隔离模拟地线、数字地线等接往公共地线时要用高频扼流磁珠连接或者直接隔离并选择合适的地方单点互联。高频数字信号的地线的地电位一般是不一致的,二根地线常常存在一定的电压差,而且高频数字信号的地线还常常带有非常丰富的高频信号的谐波分量,当直接连接数字信号地线和模拟信号地线时,高频信号的谐波就会通过地线耦合的方式对模拟信号进行干扰。

各类高频信号走线尽量不要形成环路,若无法避免则应使环路面积尽量小。必须保证良好的信号阻抗匹配。信号在传输的过程中,当阻抗不匹配时,信号就会在传输通道中发生信号的反射,反射会使合成信号形成过冲,导致信号在逻辑门限电压附近波动。

消除反射的根本办法是使传输信号的阻抗良好匹配,由于负载阻抗与传输线的特性阻抗相差越大反射也越大,所以应尽可能使信号传输线的特性阻抗与负载阻抗相等。同时还要注意 PCB 上的传输线不能出现突变或拐角,尽量保持传输线各点阻抗连续,否则在传输线各段之间也将会出现反射。

保持信号传输的完整性,防止由于地线分割引起的"地弹现象"。

2. 接地原则

对于工作频率较高的电路和数字电路,由于各元器件的引线和电路的布局本身的电感都将增加接地线的阻抗,因而在低频电路中广泛采用一点接地的方法。若用在高频电路容易增加接地线的阻抗,而且地线间的杂散电感和分布电容也会造成电路间的相互耦合,从而使电路工作不稳定。

为了降低接地线阻抗并减少地线间的杂散电感和分布电容造成电路间的相互耦合,高频电路采用就近接地,即多点接地的原则,把各电路的系统地线就近接至低阻抗地线上。一般来说,当电路的工作频率高于 10MHz 时,应采用多点接地的方式。由于高频电路的接地关键是尽量减少接地线的杂散电感和分布电容,所以在接地的实施方法上与低频电路有很大的区别。

1.4　常用实验仪器

1.4.1　岩崎 SS-7804 型双踪示波器

岩崎 SS-7804 型示波器前面板如图 1.7 所示。

1. 岩崎 SS-7804 型示波器的性能指标

显像管:6 英寸(1 英寸=2.54 厘米)、方形 8×10DIV(1DIV=10mm)。

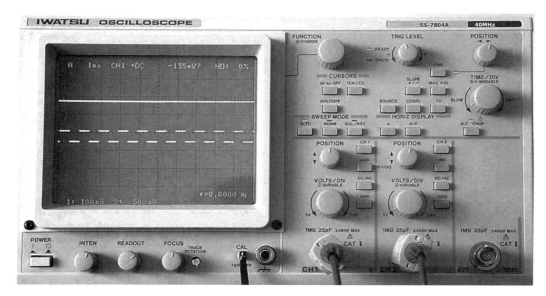

图 1.7　SS-7804 型示波器前面板

垂直灵敏度：2mV/DIV～5V/DIV。

(通道1、通道2)精度：±2%。

频率范围：40MHz。

时间轴扫描：A・100ns/DIV～500ms/DIV。

TV/视频同步：能够选择场方式、能够选择 ODD、EVEN、BOTH、扫描线路。

2. 岩崎 SS-7804 型示波器的使用方法

1) 轨迹的显示及屏幕的设置

屏幕设置：INTEN，READOUT，FOCUS，SCALE，CH1 POSITION，POSITION，TRIG LEVEL 均先预置为中间位置。

开启电源：将扫描模式置为 AUTO，水平显示置为 A，约 30s 后，有一轨迹显示于屏幕中间位置。

屏幕的调整：通过调整 INTEN 来调整轨迹的亮度，按 INTEN（BEAM FIND），调节垂直和水平偏转使轨迹显示于屏幕网上，确认后回到初始状态、通过调节 SCALE 调节网格亮度。

2）探头补偿

将 CH1 INPUT 和 CAL OUT 用探头连接起来；CH1：10mV/DIV；AC/DC：DC；GND：OFF；SOURCE：CH1；SEC/DIV：200μs。

3）垂直和水平位移

该功能用于将波形调整至易于观察的位置，或通过旋转垂直和水平 POSITION，实现波形上下、左右移动。每按一次 FINE，FINE 的指示灯亮或关一次。FINE 指示灯亮时，当调节 POSITION 时 FINE 操作完成。在该情况下若 POSITION 旋到头时，波形滚动，轻微回调 POSITION 可使波形停在屏幕中间。

4）垂直偏转系统

设置 TIME/DIV，通过调节 VOLTS/DIV 选择偏转因数，偏转因数的选择范围为 2mV/DIV～5V/DIV。设置 VARIABLE，按的符号显示于屏幕的左下角。垂直放大的输入部分与 GND 连接时，地电位轨迹将显示。ALT 和 CHOP（当两个或更多通道显示时需要选择显示模式 ALT，CHOP）；和（ADD）、差（INV）显示两通道的和（CH1＋CH2）或差（CH1－CH2）。选择差时可先选 ADD，之后再选 INV。

5）扫描速率和幅度

旋转 TIME/DIV 选择扫描速率，扫描速率在屏幕左上角显示，波形基于扫描的起始点进行放大或缩小。设置 VARIABLE，按 TIME/DIV，未校准的扫描速率符号"＞"显示于屏幕的左上角；旋转 TIME/DIV，扫描速率连续变化，当选择的值达到最大或最小时，屏幕显示"VAR LIMIT"；再次按 TIME/DIV 去掉"＞"，可取消 VARIABLE 模式。

6）扫描模式

在扫描模式中按 AUTO 或 NORM 选择重复扫描。AUTO 指示灯亮时表示选择了 AUTO 模式，NORM 灯亮时表示选择了 NORM 模式。若无触发，调整 TRIG LEVEL。

单次扫描，在扫描模式中按 SGL/RST（SGL/RST 灯亮）选择单次扫描，当 READY 指使灯亮时表示正在等待信号输出；READY 指使灯灭，在 CHOP 模式中，所有通道同时扫描，在 ALT 模式时，只有一个通道被扫描。再按一下 SGL/RST，选择另一次单次触发。

7）同步触发

触发源,选择触发源(CH1,CH2,LINE,EXT,VERT)。触发偶合(选择触发偶合模式),按 COUPL 选择触发偶合(AC,DC,HF REJ,或 LF REJ)。AC:阻去触发信号中的 DC 成分,下限频率为 100Hz。DC:信号所有成分都可通过。HF REJ:衰减高频(10kHz 以上)成分。该模式使用于当触发信号中含有高频噪声。该噪声会使触发不稳定。HF REJ:衰减信号中的低频(10kHz 以下)成分。该模式使用于当触发信号中含有低频噪声,该噪声会使触发不稳定。触发斜率(选择触发斜率),按 SLOPE 选择斜率(+或-)。+:扫描在波形的上升沿开始。-:扫描在波形的下降沿开始。触发电平(调节触发电平的幅值),旋转 TRIG LEVEL 调节触发电平。

8）水平显示

水平模式下,按 A 或 X-Y。A 选择 A 扫描,X-Y 模式是指 CH1 作为 X 轴而(CH1,CH2,ADD)中的一个作为 Y 轴显示。该模式适用于观测磁滞曲线、Lissajous 图形等。

9）释抑时间

有时当观测复杂的复合脉冲串时触发会出现不稳定。此时,调节释抑时间(扫描暂停)以获得稳定的波形。选择 HOLDOFF,功能显示变为 f:HOLDOFF。旋转 FUNCTION 调整释抑时间。当 FUNCTION 被按下或连续按下时,是对位置方向的粗调。当 FUNCTION 顺时针旋转满时(100%),释抑时间为最大;当 FUNCTION 逆时针旋转满时(0),释抑时间为最小。通常情况下,释抑时间为 0。

10）光标测量和频率计

用光标测量时间和频率差值(Δt,$1/\Delta t$)及电压差值(ΔV)。

选择测量对象:按 Δt-ΔV-OFF 键选择 ΔV(电压量测)或 Δt(时间量测)。

光标的操作:当选择 Δt 或 ΔV 时,将显示两条测量光标。旋转 FUNCTION 调整光标位置。当 FUNCTION 被按下或连续按下时,是对位置方向的粗调。每按一次 TCK/C2,改变:C1→C2→TCK→C1。

1.4.2　爱使 AS1054 型高频信号发生器

爱使 AS1054 型高频信号发生器面板如图 1.8 所示。

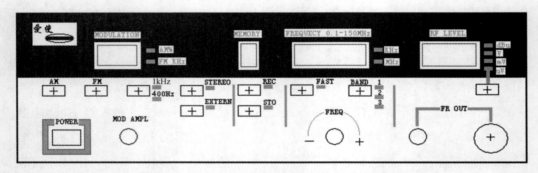

图 1.8　爱使 AS1054 型高频信号发生器面板

1. 爱使 AS1054 型高频信号发生器的性能指标

1）信号发生器输出频率

信号发生器在 0.1～150MHz 共分为 3 个频段，即

频段 1：0.1～1MHz；

频段 2：1～10MHz；

频段 3：10～150MHz。

2）音频内调制信号

调幅内调制信号频率：400Hz,1000Hz 可选；调制深度：1、2 波段 0～150%
（50Ω 终端负载），3 波段 0～95%；工作频段：1、2、3；调幅指示准确度：±5%（正
弦波）；调频内调制,信号频率：400Hz,1000Hz 可选；调频频偏：0～150kHz 可
调；工作频段：2、3；频偏指示准确度：±5kHz（正弦波频偏 100kHz 以内）；立体
声内调制信号频率：L 为 400Hz,R 为 1000Hz；工作频段：3；立体声调制隔离
度≥30dB；调频信噪比≥60dB；内音频输出 400Hz,1kHz(0～1.5Vrms 可调)；失
真≤0.1%；外调制输入；幅度 0～5V$_{P-P}$；频率 AM 20Hz～10kHz；FM 20Hz～
10kHz。

3）射频信号

射频信号输出幅度 $1\mu V\sim316mV rms,50\Omega(110dB\mu V)$；$3\mu V\sim316mV rms,$ $50\Omega(120dB\mu V)$可选；输出幅度误差 $\pm1.5dB(0.1\sim150MHz)\geqslant70dB\mu V$；分辨率 $0.1dB/1dB$；频率稳定在 $3\times10^{-4}\pm1$ 个字；输出衰减 $0\sim110dB$，最小步进 $0.1dB$；$dB\mu V/V$、mV、μV 指示可选。

2. 爱使 AS1054 型高频信号发生器的使用方法

1）高频信号发生器的使用

如图 1.8 所示，调幅 AM 控制按键，AM％指示灯亮时，表示工作在调幅方式；调频 FM 控制按键，FM kHz 指示灯亮时，表明工作在调频方式；立体声 STEREO 控制按键，键的右上角 STEREO 指示灯亮时，表明工作在立体声方式；内调制信号 400Hz/1kHz 选择键；外伴音调制工作按键，键的右上角 EXTERN 指示灯亮时，表明工作在外伴音调制方式；调制度调节旋钮，调幅度/调频频偏指示（3 位 LED），AM％（调幅）/FM kHz 调频频偏工作指示灯；存储或调取单元编号显示数码管：0～9；存储的频率和工作方式调取按键，射频频率数码指示：（6 位 LED）；频率调谐开关在按下 STORE 和 RECALL 键后兼作存储单元的调节；频率快速调谐选择按键 FAST 的指示灯亮时，工作在快速调谐方式，这时频率调谐变化将加大。工作频段选择按键每按一次，转换一个频段，依次为 1→2→3→1；频率单位指示灯 kHz 或 MHz；RF 输出幅度显示（3 位 LED）；RF 幅度显示单位 dBμV/V/mV/μV；dBμV 或 V/mV/μV 显示选择开关。

2）高频信号发生器的存储

（1）信号频率和工作方式的存储。

先调好要存储的信号频率和工作方式，然后按一下 STO 键，右上角指示灯亮后，再用调谐开关在 0～9 选择一个单元，再按一下 STO 键，指示灯熄灭后，所设置的信号频率和工作方式就存入所选择的单元中。

（2）存储内容的调取。

先按 RECALL 键，右上角指示灯亮，用调谐电位器 0～9 选择一个单元，再按 RECALL 键，指示灯熄灭后，就完成了调取原存储的工作方式和频率。

1.4.3　盛普 SP2461 型数字信号发生器

盛普 SP2461 型数字信号面板如图 1.9 所示。

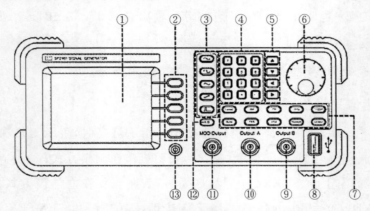

图 1.9　盛普 SP2461 型数字信号面板

① LCD 显示屏　② 菜单操作键　③ 波形选择键　④ 数字输入键　⑤ 方向键
⑥ 旋钮　⑦ 功能选择键　⑧ USB Host　⑨ 通道 B 输出　⑩ 通道 A 输出
⑪ 调制输出　⑫ A 通道、B 通道切换按键　⑬ 电源开关

菜单操作键(②)自上而下定义为【F1】至【F5】。

1. 盛普 SP2461 型数字信号发生器的性能指标

①输出频率：100kHz～150MHz；频率分辨力：1Hz；频率稳定度：±2.5ppm。
②射频输出电平：－117dBm(0.3μVrms)～＋13dBm(1Vrms)；分辨力：0.1dB；
电平平坦度：±1dB；衰减精度：±2dB；驻波比：＜1.5,射频输出阻抗：50 标称
值；③频谱纯度：谐波＜－30dBc；杂波＜－40dBc；非谐波＜－40dBc；分谐
波＜－40dBc；剩余调频 100Hz；④频率调制：调频峰值频率偏移 0～100kHz；分
辨力 100Hz；准确度±5％；设置值±50Hz；失真度＜2％(峰值频率偏移 10kHz,
载频＜250MHz 时)；FSK 调制；外部输入 TTL 电平调制信号；步进扫频；扫频速
率 10～1000ms；步进 10ms；⑤幅度调制：射频频率 1.5MHz；调幅深度 0～
100％；分辨力 1％(调幅深度 10％)；0.1％(调幅深度＜10％)；调制源阻抗
600BNC；内部调制源：输出频率 1kHz 和 400Hz；幅度：1Vpk。

2. 盛普 SP2461 型数字信号发生器的使用

1）数值输入

数据键输入 10 个数字键用来向显示区写入数据。写入方式为自左到右写入，已经输入当前允许输入数字位数后，则不允许输入新的数字。【●】用来输入小数点，如果数据区中已经有小数点，此按键不起作用。【一】用来输入负号，如果数据区中已经有负号，再按此键则取消负号。使用数据键只是把数据写入显示区，这时数据并没有生效，对仪器输出信号没有影响，所以如果写入有错，可以按【◀】键删除当前最低位数字，然后重新写入。等到确认输入数据完全正确之后，按一次菜单操作键所对应的单位，这时数据开始生效，仪器将根据显示区数据输出信号。数据的输入可以使用小数点和单位键任意搭配，仪器将会按照统一的形式将数据显示出来。

利用方向键或者旋钮输入，调节旋钮或者按【▲】【▼】键可以对信号进行连续调节。按位移键【◀】【▶】使当前闪烁的数字左移或右移，这时顺时针转动旋钮或者按【▲】键，可使正在闪烁的数字连续加 1，并能向高位进位。逆时针转动旋钮或者按【▼】键，可使正在闪烁的数字连续减一，并能向高位借位。使用旋钮或者按【▲】【▼】键输入数据时，数字改变后立即生效，不用再按单位键。闪烁的数字向左移动，可以对数据进行粗调，向右移动则可以进行细调。当光标在单位上闪烁时调节旋钮或者按【▲】【▼】键，数值将以 10 倍关系增大或者减小。

2）通道 A 参数设置

设置点频功能，点频功能模式指的是输出单一频率的连续波——正弦波。可以设定频率（周期）、幅值、幅值类型，若在其 t 功能模式时，可以关闭此功能进入点频功能。例如，如果当前处于扫描功能状态，则【Sweep】按键灯亮，此时再次按下【Sweep】键，则【Sweep】按键灯熄灭，仪器进入点频功能。

从点频转到其他功能，点频设置的参数就作为载波的参数；同样，在其他功能中设置载波的参数，转到点频后就作为点频的参数。（例如，从点频转到调频，则点频中设置的参数就作为调频中载波的参数；从调频转到点频，则调频中设置的载波参数就作为点频中的参数。）

频率设定：按【F1】键选择频率菜单，如果当前选择的是周期菜单，则再次按下【F1】键，就可以选择到频率菜单。可用数据键、调节旋钮或者方向键输入频率值，这时仪器输出端口即有该频率的信号输出。

周期设定：按【F1】键选择周期菜单，如果当前选择的是频率菜单，则再次按下【F1】键，就可以选择到周期菜单，可用数据键、调节旋钮或者方向键输入周期值。

幅值设定：按【F2】键选择幅度菜单，可用数据键、调节旋钮或者方向键输入幅值，这时仪器输出端口即有该幅值的信号输出。

设置幅值的显示类型：按【F4】键选择幅值类型菜单，这时再次连续按下【F4】键，就可以在峰峰值、有效值、功率值三种类型之间切换。

设置载波幅值：按【F5】键选择幅值菜单，可用数据键、调节旋钮或者方向键输入所需要的载波幅值。2 载频＞80MHz，按【Sweep】键进入扫描功能，这时【Sweep】键指示灯亮，系统处于扫描功能状态。

设置起始频率：按【F1】键选择起始频率菜单，如果当前选择的是终止频率菜单，则再次按下【F1】键就可以选择到起始频率菜单。可用数据键、调节旋钮或者方向键输入所需要的起始频率值。

设置终止频率：按【F1】键选择终止频率菜单，如果当前选择的是起始频率菜单，则再次按下【F1】键就可以选择到终止频率菜单。可用数据键、调节旋钮或者方向键输入所需要的终止频率值。

设置保持时间：步进扫频的每个频点的保持时间。按【F2】键选择保持时间菜单，可用数据键、调节旋钮或者方向键输入保持时间值。保持时间越小，扫描速度越快；保持时间越大，扫描速度越慢。保持时间取值范围：10ms～800s。可用数据键、调节旋钮或者方向键输入所需要的保持时间值。

设置扫描步进频率：步进扫频的每个频点之间的间隔频率，按【F4】键选择步进频率菜单。取值范围：1Hz～1MHz。可用数据键、调节旋钮或者方向键输入所需要的步进频率值。

3）通道 B 参数设置

按下 A 通道、B 通道切换按键【A/B】，则进入通道 B 参数设置界面，如果需要返回通道 A 参数设置界面只需再次按下【A/B】键即可。设置 B 路信号的频率：按【F1】键选择频率菜单，如果当前选择的是周期菜单，则再次按下【F1】键，就可以选择频率菜单。可用数据键、调节旋钮或者方向键输入频率值，这时仪器输出端口即有该频率的信号输出。设置 B 路信号的幅度：按【F2】键选择幅度菜单,可用数据键、调节旋钮或者方向键输入幅值,这时仪器输出端口即有该幅值的信号输出。设置 B 路信号的波形按下波形选择键,可以选择 B 路信号波形为正弦波、方波、三角波、升锯齿波、脉冲波五种波形。同时波形显示区显示相应的波形符号。调节脉冲波的占空比：当输出波形为脉冲波时,按【F5】键,显示区显示当前脉冲波的占空比。利用旋钮或数字输入来修改占空比数值。设置 A 路/B 路正弦信号相位差：当 A 路为点频且 B 路波形为正弦波时,可以设置 A 路和 B 路信号的相位差。进入通道 A 参数设置界面,按【F5】键,此时显示区显示两路信号的相位差。可用数据键或调节旋钮输入相位差,这时仪器 A 路和 B 路输出端口即有相应相位差的信号输出。

4）设置系统功能

按下【Utility】按键,打开系统设置菜单的第一页,系统设置菜单共 3 页。再次按下【Utility】键可以关闭系统菜单。设置输出阻抗按下【F1】键选择输出阻抗菜单,然后连续按下【F1】键,可以在 500Hz 之间切换。如果当前的幅值显示类型为功率值则不能改变输出阻抗,输出阻抗固定为 50Ω。

5）设置远程控制接口

按下【F2】键选择接口菜单,然后连续按下【F2】键可以选择 RS232、USB、GPIB接口。选择接口为 RS232 或者 USBdevice,设置波特率和奇偶校验。A 为设置波特率；B 为设置奇偶校验。选择接口为 GPIB,设置 GPIB 接口地址：按下【F3】键选择地址菜单,然后连续按下【F3】键选择地址。按【F5】键选择系统菜单第二页,设置开机状态。开机状态有两种：默认状态和关机状态。默认状态功能为点频,频率为 10kHz,幅度为 -36.02dBm。关机状态就是保存上次关机时的所有状态。再按【F2】键选择开机状态菜单,然后连续按【F2】键在默认状态、关机状态之间切换。设置系统语言按【F3】键选择 Language 菜单,然后连续按【F3】键在中文、English 之间切换。设置蜂鸣器开关状态：按【F4】键选择蜂鸣器菜单,然后连续按【F4】键在 OFF、ON 之间切换。按【F5】键选择系统菜单第三页,输出校正。输出校正用于工厂校正输出,用户不能使用。

1.4.4 盛普 SP5310B 型调制度测量仪

1. 盛普 SP5310B 型调制度测量仪的性能指标

1）概述

SP5310B 型调制测量仪用于测试 1.5～2000MHz 的 FM、AM 信号的调制度。含有 FM 鉴频器、AM 检波器以及能测量解调信号峰值电压表的 FM/AM 外差接收机,它的特点是能对额定输入的射频信号进行自动调谐和自动电平控制。

2）性能指标

测量仪按 GB/T 6587.1—1986 的规定,使用条件属第 Ⅱ 组;射频输入频率范围:1.5～2000MHz;输入灵敏度:20mVrms(1.5～1900MHz)、50mVrms(1900～2000MHz);最大输入电平:1Vrms;安全输入电平:7Vrms,输入阻抗为 50Ω 标称值;频率调制测量、解调调制频率范围:25Hz～50kHz;频偏量程范围:0～10kHz、0～100kHz;频偏测量误差:±[读数值的 2%＋剩余调频](调制频率为 1kHz,解调通带为 300Hz～3kHz,载频≥300MHz),±[读数值的 2%＋5 个字](调制频率为 1kHz,解调通带为 300Hz～3kHz,载频＜300MHz)。

当调制频率为 1kHz,频偏为 50kHz,解调通带为 300Hz～3kHz 时,解调输出失真≤1%THD。用 300Hz～3kHz 解调通带,载波小于 100MHz;载频大于 100MHz 时,则增加 20Hz/100MHz,剩余调频≤20Hz。解调频率响应,以 1kHz 为参考,滤波器用 300Hz～3kHz;解调调制频率不大于 16kHz 时,平坦度±0.5dB。去加重滤波器:a)50μs(标称值),b)75μs(标称值),c)750μs(标称值)。幅度调制测量解调调制频率范围 25Hz～50kHz,调幅深度测量范围 0～10%、0～100% 两个满量程。

当调制深度为 10%～90%,调制频率为 1kHz,解调通带为 300Hz～3kHz,载频为 1.5～1900MHz 时,输入电平为 20～500mV;载频为 1900～2000MHz 时,输入电平为 50～500mV。信号中频输出:①频率为 450kHz(标称值);②电平为在 50Ω 负载阻抗上输出电平≥100mV。音频输出:①频率为输入信号调制频率;②电平为 0.5Vrms(在 1kHz 调制频率、满量程时);③阻抗为 600Ω。

2. 盛普 SP5310B 型调制度测量仪的使用

调制度测量仪面板功能，按键、显示及输入、输出接头装于面板，面板示意图如图 1.10 所示。

如图 1.10 所示，面板按键说明如下：①电源开关。②解调后音频信号输出端。③中频信号输出端。④去加重选择键，测调频时，用户根据需要选择。⑤高低通滤波器选择键，测调频和调幅时，用户根据需要选择高通和低通滤波器组，开机时状态为 300Hz～3kHz 滤波器。⑥FM 测量功能选择键，用户根据需要选择"FM＋""FM－"。⑦AM 测量功能选择键，用户根据需要选择"＋""－"。⑧射频信号输入端。⑨量程选择键，可根据需要选择"100"挡或"10"挡。⑩锁定指示灯，当捕捉到信号后，锁定指示灯亮。⑪测量结果数码显示窗。

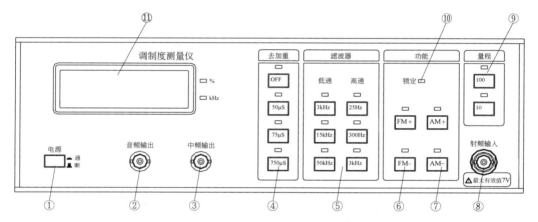

图 1.10　盛普 SP5310B 型调制度测量仪面板

1）FM 测量的使用操作

测试方框图如图 1.11 所示。

图 1.11　测试方框图

测试步骤：①将被测源的信号用电缆连接 QF4134 射频输入,观察锁定指示灯应亮,表示 QF4134 已捕捉到信号且已锁定。②按功能键"FM",表示现在是测量其频偏值,且面板显示"kHz"灯亮。③若频偏小于 10kHz,可选量程开关"10"挡,便可更精确读数。④滤波器可根据调制频率的大小来选择。⑤去加重可在被测信号有预加重时选用。

2）AM 测量的使用操作

测试方框图如图 1.11 所示。

测试步骤：①同 a)。②按功能键"AM",表示现在是测量其调幅度大小,且面板显示"％"灯亮。③若调幅度小于 10％,可选量程开关"10％"挡,便可更精确读数。④滤波器选择可根据调制频率的大小来选择。⑤测调幅时,去加重自动关。

1.4.5　同惠 TH2819A 型 LCR 测量仪

如图 1.12 所示为同惠 TH2819A 型 LCR 测量仪的外观图。

LCR 测试仪能测量各种各样的元件参数,主要是用来测试电阻的电感量 L、电容量 C、阻抗 R、损耗角正切值 D、品质因数 Q、电抗 X 等元件参数,是高频电路制作、调试的基本测试工具。

图 1.12　同惠 TH2819A 型 LCR 测量仪外观图

1. 同惠 TH2819A 型 LCR 测试仪的性能指标

1）参数含义

$|Z|$（阻抗的模），$|Y|$（导纳的模），L（电感），C（电容），R（电阻），G（电导），DCR（直流电阻），D（损耗因子），Q（品质因数），R_s（等效串联电阻 ESR），R_p（等效并联电阻），X（电抗），B（导纳），θ（相位角）。

2）测试量程

测试量程根据被测 LCR 元件的阻抗值选择，TH2819A 有 9 个交流测试量程：10Ω、30Ω、100Ω、300Ω、$1k\Omega$、$3k\Omega$、$10k\Omega$、$30k\Omega$ 和 $100k\Omega$；有 10 个 DCR 测试量程：$100m\Omega$、1Ω、10Ω、100Ω、300Ω、$1k\Omega$、$3k\Omega$、$10k\Omega$、$30k\Omega$ 和 $100k\Omega$。

3）测试电平

TH2819A 的测试电平以测试正弦波信号的有效值进行设定。正弦波信号的频率为测试频率，由仪器内部振荡器产生。用户既可以设定测试电压值，也可以设定测试电流值。TH2819A 信号源输出阻抗可选择为 $100Q$ 或 $30Q$。当测试功能选择为 DCR 时，频率域显示为"－－－－"。TH2819A 的自动电平控制功能可以实现恒定电压或电流测量。自动电平控制功能（恒电平域）可由"测量设置"页面设定为 ON。当自动电平控制功能开启后，当前电平值后显示一个"＊"号。详细信息请参考"测量设置"页面。

4）直流偏置

TH2819A 可提供 0V、1.5V 和 2.0V 的内置直流偏置电压。当测试功能选择为 DCR 时，偏置域显示为"－－－－"。

5）测试速度

TH2819A 测试速度主要由下列因素决定：积分时间（A/D 转换）；平均次数（每次平均的测量次数）；测量延时（从启动到开始测量的时间）；测量结果显示时间。一般来说，慢速测量时，测试结果更加稳定和准确。用户可选择 FAST（快速）、MED（中速）和 SLOW（慢速）三种测试速度。

6）显示区域定义

TH2819A 采用了 320×240 像素液晶显示屏，显示屏显示的内容被划分成如下的显示区域,如图 1.13 所示。

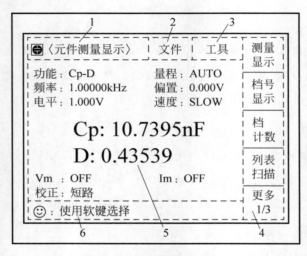

图 1.13　显示区域定义

2. 同惠 TH2819A 型 LCR 测试仪的使用

插上三线电源插头,注意:应保持供电电压在 198～242V,频率在 47.5～52.5Hz 的条件下工作。电源输入相线 L、零线 N、地线 E 应与本仪器电源插头上的相线、零线相同。打开电源,按下前面板上左下角电源开关,仪器开启,显示开机画面。如果用户开启了密码保护功能,则仪器会要求开机密码,根据屏幕提示,输入开机口令,按【ENTER】键进入主菜单画面。使用菜单按键(【LCRZ】,【SETUP】,【SYSTEM】)和软键选择想要显示的页面。使用光标键(【←】【↑】【→】【↓】)将光标移到你想要设置的域。当光标移到某一个域,该域将变为反显示表示。所谓域就是可以设定光标的区域。当前光标所在域相应的软键功能将显示在"软键区域"中。选择并按下所需的软键。数字键、【BACKSPACE】及【ENTER】键用于数据输入。当一个数字键按下后,软键区域将显示可以使用的单位软键。用户可以按单位软键或者【ENTER】键结束数据输入。当使用【ENTER】键结束数据输入时,数据单位为相应域参数的默认单位为 Hz、V 或 A。例如,测试频率的默认单位为 Hz。

1.4.6 盛普 SP3060 型数字合成扫频仪

盛普 SP3060 型数字合成扫频仪整机图如图 1.14 所示。

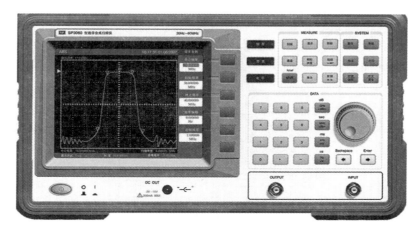

图 1.14 盛普 SP3060 型数字合成扫频仪

1. 盛普 SP3060 型扫频仪的性能指标

1）信号源

输出波形：正弦波；波形幅度分辨率：12bit；采样速率：200Msa/s、300Msa/s（SP30120）；谐波失真：−50dBc（频率≤5MHz）；−45dBc（频率≤10MHz）；−40dBc（频率≤20MHz）；−30dBc（频率＞20MHz）；波形失真：≤0.5%（频率＜100kHz）。

输出频率特性：20Hz～30MHz（SP3030）、20Hz～60MHz（SP3060）；20Hz～120MHz（SP30120）；分辨率：1μHz。

输出电平特性：−80～+25dBm（SP3030）；−80～+13dBm（f＞60MHz，输出为−80～+10dBm SP30120）。

2）输入通道

输入阻抗：500/752/高阻。

输入电平范围：−60～+25dBm（SP3030）；−60～+10dBm。

3）复用键区

本区有 6 个按键，对应每个功能菜单里的相应子功能项，进行选择和修改功能。

4）数字输入区

这些键用于在设置和修改参数时输入相应的数值、数字、单位。在数据输入状态下，按这些键即可顺序输入所需要的数值，如表 1.3 所示。

表 1.3　按键功能表

键　名	功　能	键　名	功　能
0	输入数字 0	8	输入数字 8
1	输入数字 1	9	输入数字 9
2	输入数字 2	·	输入小数点
3	输入数字 3	—	输入负号
4	输入数字 4	GHz/dBm	单位为 GHz/dBm/dB
5	输入数字 5	MHz/−dBm	单位为 MHz/−dBm/s
6	输入数字 6	kHz/mV	单位为 kHz/mV/ms
7	输入数字 7	Hz/μV	单位为 Hz/μV/μs

5）光标移动键区

光标左移/退格键，当选中某一项参数时，按此键使光标向左移动。另外，还可以作为退格键使用，当输入数字错误，输入单位之前，按此键删除刚才输入的数字。

光标右移/确认键，当选中某一项时，按此键使光标向右移动。另外，还可以作为确认键使用，有些数据输入没有单位，按此键使数据输入有效，作为不确定的单位键使用，如表 1.4 所示。

表 1.4　光标移动键功能

键　名	功　能	第二功能	键　名	功　能	第二功能
◀	光标左移	退格键	▶	光标右移	确认键

2. 盛普 SP3060 型扫频仪的使用

1）频率测量

频率参数设置键,按此键进入信号源的频率设置菜单,设置信号源扫描的起始频率、终止频率、中心频率和点频输出频率等的频率参数值。

2）带宽

扫描宽度参数设置键,按此键进入信号源的扫描带宽操作菜单,设置以中心频率为中心的扫描范围。

3）电平

输出电平、阻抗参数设置键,按此键进入信号源的输出电平的调节,输出阻抗的设置,辅助电源电压的调节。

4）扫描

扫描参数设置键,在测量时,按此键可以对仪器的扫描时间、扫描方式、触发方式和平均次数等参数进行选择和设置。

5）通道

输入通道参数设置键,按此键可以设置输入通道的阻抗、电平输入范围。

6）显示

显示参数设置键,按此键进入显示参数设置菜单,选择和修改显示的方式、显示的刻度、参考电平和参考位置,以及选择显示的是相对值还是绝对值进行设置和修改。

7）频率

频率标记参数设置键,按此键可以进入频标参数设置菜单。任意设置需要查看的频率点的频率值,查看该频率点的增益数值。频标或△频标显示或关闭的选择。

8）相位测量

相位测量参数键,按此键进入相位测量参数设置菜单,设置相位测量参数,测量相位参数。

9）频标

频标功能键，按此键进入频标功能设置菜单。该菜单为了使用户更便捷地使用，提供了峰值搜寻、标记的自动移动、参考线的自动搜寻和设置、-3dB 带宽和谐振电路 Q 值的测量等功能。

10）Shift/Local

Shift/Local 键，该键在遥控状态时，作为 Local 键使用，按此键退出遥控状态。为了以后扩展功能使用。

11）单次

当信号扫描是内部触发和单次扫描时，按此键触发一次扫描和测量。

12）复位

复位键，按此键使仪器工作状态回复到出厂设置的缺省状态，在复位菜单中，还可以调用上次工作状态或开机工作状态。

1.4.7 安捷伦 E4440A 型频谱分析仪

1. 安捷伦 E4440A 型频谱分析仪的性能指标

频谱分析仪是信号频域分析与测量的重要仪器，可以测量信号的频率分布信息。可用于信号失真度、调制度、谱纯度、频率稳定度和交调失真等信号参数的测量，可用以测量放大器和滤波器等电路系统的某些参数，是一种多用途的电子测量仪器。它又可称为频域示波器、跟踪示波器、分析示波器、谐波分析器、频率特性分析仪或傅里叶分析仪等，是从事电子产品研发、生产、检验的常用工具，应用十分广泛，被称为工程师的射频万用表。

现代频谱分析仪能以模拟方式或数字方式显示分析结果，能分析 1Hz 以下的甚低频到亚毫米波段的全部无线电频段的电信号。仪器内部若采用数字电路和微处理器，可具有存储和运算功能；配置标准接口，就容易构成自动测试系统。图 1.15 为安捷伦 E4440A 型频谱分析仪外观图。

1）频率范围

现代频谱仪的频率范围能从低于 1Hz 直至高达 300GHz。

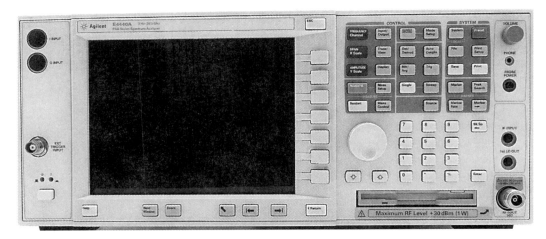

图 1.15 安捷伦 E4440A 型频谱分析仪外观图

2）分辨力

频谱分析仪在显示器上能够区分最邻近的两条谱线之间频率间隔的能力,是频谱分析仪最重要的技术指标。分辨力与滤波器型号、波形因数、带宽、本振稳定度、剩余调频和边带噪声等因素有关,扫频式频谱分析仪的分辨力还与扫描速度有关。分辨带宽越窄越好。现代频谱仪在高频段分辨力为 $10\sim100\,\mathrm{Hz}$。

3）分析谱宽

分析谱宽又称频率跨度,是指频谱分析仪在一次测量分析中能显示的频率范围,可小于或等于仪器的频率范围,通常是可调的。

4）分析时间

分析时间是指完成一次频谱分析所需的时间,它与分析谱宽和分辨力有密切关系。对于实时式频谱分析仪,分析时间不能小于其最窄分辨带宽的倒数。

5）扫频速度

扫频速度是指分析谱宽与分析时间之比,也就是扫频的本振频率变化。

6）灵敏度

灵敏度是指频谱分析仪显示微弱信号的能力,受频谱仪内部噪声的限制,通常要求灵敏度越高越好。

7）动态范围

动态范围是指能以规定的准确度测量同时出现在输入端的两个信号之间的最大差别。动态范围的上限受到非线性失真的制约。频谱分析仪的动态范围一般在 60dB 以上,现代频谱分析仪的动态范围可达 80dB。

8）显示方式

显示方式是指频谱分析仪显示的幅度与输入信号幅度之间的关系,通常有线性显示、平方律显示和对数显示三种方式。

9）假响应

假响应是指显示器上出现不应有的谱线。这对超外差系统是不可避免的,应设法抑制到最小,现代频谱分析仪可做到小于−90dB。

2. 安捷伦 E4440A 型频谱分析仪的使用

1）频谱分析仪按键操作

标有 FREQUENCY Channel(频率通道)、System(系统)和 Marker(标记)的键均为前面板键。前面板键分为深灰色、浅灰色、绿色或白色。按白色的前面板键将直接执行一项操作,而不会调出一个菜单。唯一的一个绿色键为 Preset(预设)键,用该键可执行分析仪复位。

2）频谱分析仪菜单键操作

按多数深灰色或浅灰色键可以访问沿显示屏右侧显示的功能菜单。这些键叫作菜单键。菜单键列出了不是直接通过前面板键访问的那些功能。要激活一个菜单键功能,按紧邻屏幕右侧的键。显示的菜单键取决于所按的前面板键和所启用的菜单级。如果菜单键功能的值可以更改,则称该功能为活动功能。选择该键后,活动功能的功能标签会突出显示。例如,按 AMPLITUDE Y Scale(幅度 Y 刻度),会调出与幅度功能相关的菜单。注意,标有 Ref Level(参考电平)的功能(Amplitude(幅度)菜单中的默认已选择键)已突出显示。Ref Level(参考电平)也会出现在活动功能区中,说明这是活动幅度功能,并且现在就可以使用任何数据输入控制对其进行更改。标签中显示有 On(开)和 Off(关)的菜单键可用于启用或禁用该菜单键功能。要启用一个功能,按菜单键,使 On(开)具有下画线。要禁用一个功能,按菜单键,使 Off(关)具有下画线。

标签中显示有 Auto(自动)和 Man(手动)的功能可以自动耦合,或者手动更改它的值。可以使用数字小键盘、旋钮或步长键手动更改功能的值。要自动耦合一个功能,按菜单键,使 Auto(自动)具有下画线。

在一些键菜单中,总有一个键会被突出显示,以说明已经选择了哪个键。例如,当按 Marker(标记)时,将访问一个键菜单,其中的一些键通过菜单左侧的一个蓝条(在具有彩色显示屏的分析仪上)被组合在一起。Normal(正常)键(为 Marker(标记)菜单的默认键)将突出显示。当按蓝条中的另外一个键(如 delta)时,该键将会突出显示,表明它已被选中。

在其他键菜单中,总有一个键标签会突出显示以说明哪个键已被选中,但当进行一项选择时,会马上退出该菜单。例如,当按 Orientation(方向)键(位于 Print Setup(打印设置)菜单)时,它将会调出其本身的键菜单。Portrait(纵向)键(为 Orientation(方向)菜单的默认键)将会突出显示。当按 Landscape(横向)键时,该键会突出显示,以说明它已被选中,屏幕会返回到 Print Setup(打印设置)菜单。

位于分析仪显示屏下面的箭头键(有时称为制表键)可用于浏览表格(例如限制线表)。这些键用于在行间移动。左箭头键用于向上移动,而右箭头键用于向下移动。在浏览表格时,光标(反白显示)会留在同一列中。可通过前面板键选择所需的字段,从而在表格中左、右移动。

1.4.8 安捷伦 N5242A 型网络分析仪

对于由任意信号激励的线性网络(系统)特性进行表征则是网络分析的重要内容,它是通过激励-响应测试确定线性网络的传输数学模型、阻抗特性数学模型。网络分析仪(Network Analyzer)就是通过正弦信号测量来获得线性网络的传递函数以及阻抗函数的仪器,它可以在很宽的频段上对线性网络的特性进行全面、准确的测量。如图 1.16 所示为安捷伦 N5242A 型微波网络分析仪外观图。

矢量网络分析仪(Vector Network Analyzer)是测定元件特性最常使用的仪器,也是一种电磁波能量的测试设备。其功能有:①射频元件(如滤波器、放大器、混频器、天线隔离器和传输线)双端口网络的 S 参数、幅度、相位、群延时特性的测量;②电缆和天线测试(故障点距离、回波损耗和电压驻波比);③电缆损耗测试

（单端口）；④插入损耗和传输性能测试（双端口）；⑤显示史密斯圆图和极坐标图；⑥对使用 USB 接口的功率传感器进行功率测试；⑦利用矢量分析仪的时域功能可测量天线系统驻波系数、增益和方向图等参数。

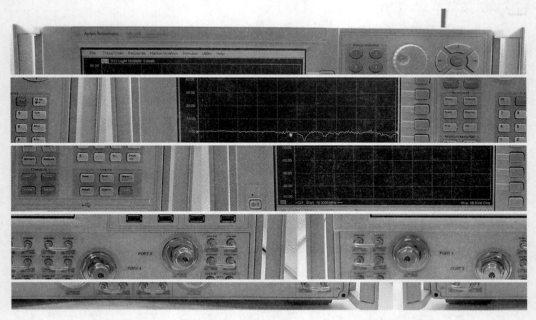

图 1.16　安捷伦 N5242A 型网络分析仪外观图

1. 安捷伦 N5242A 型网络分析仪的性能指标

矢量分析仪的技术指标包括扫频信号源部分、接收机输入指标部分、测量功能部分以及显示部分的指标。下面是某矢量分析仪的技术指标。扫频信号源：①频率范围：50kHz～300MHz；②频率显示分辨率：1Hz；③输出控制范围：大于 58dB；④系统阻抗：50Ω。接收机输入指标：①动态范围：60dB；②检波器最大不损坏电平：±20dBm；③相位测量：±180°。测量功能：①测量通道：2 通道，（2 轨迹）相位幅度同时显示；②测量参数：传输特性、驻波系数、回波损耗；③传输测量不确定度≤0.5dB；④反射电桥方向性：40dB；插损≤7dB；⑤输出端口损耗≤14dB；⑥测量格式：对数幅度；⑦扫描方式：线性、CW（点频）；⑧触发方式：连续、保持；⑨存储/调用：状态和轨迹。显示指标：①显示格式为史密斯圆图、极坐标、平面坐标；②显示对数刻度为 dB/DIV～10dB/DIV；③显示分辨率为 0.1dB；④扫描时间为

500ms～5s(自动调节);⑤彩色 TFT 显示屏为 5.6 英寸;⑥频标为 4 个频标(显示最大值、最小值)。

2. 安捷伦 N5242A 型网络分析仪的使用

1) S21 参数测试设置

在网络分析仪模式下(NA),选择 S21,格式(format)为对数形式(logmag),选择频率(freq/dist)的起始频率设置为 XXX(MHz/GHz),截止频率设置为 XXX(MHz/GHz)。对于具有较大损耗的链路 S21 参数测试选择 Meas setup 把 N5242A 输出功率(output Power)设为 High。其他链路,可根据具体需要将输出功率(Output Power)设为 High 或 Low。

2) S21 参数测试操作

按下 marker 旋钮并旋转,可以看出频率范围 XXX 到 XXX 以内传输特性的幅度平坦度,以及检查 Marker 频点处的测试值。观测 S21 的相位特性,网络分析仪复位,选择模式 S21,Format 选择相位,频率选择起始频率设置为 XXX(MHz/GHz),截止频率设置为 XXX(MHz/GHz),或者中心频率设置为 XX(MHz/GHz),带宽输入为 XXX(MHz/GHz)。

1.4.9　爱使 AS2173 型高频毫伏表

1. 爱使 AS2173 型高频毫伏表的性能指标

爱使 AS2173 型高频毫伏表是放大检波式交流电压测量仪表,它具有高灵敏度、高的输入阻抗及高稳定性等优点,在电路上采用了大信号检波使仪器有良好的线性,而且噪声对测量精度影响很小,在使用中不需要调零。仪器还具有输出电路,可对输入信号进行监视,而且可当作放大等使用。该仪器造型美观,测量方便,可广泛应用于工厂、科研单位及学校实验室等。该仪器由高阻输入电路、高阻性步级衰减器、前置放大器、输出放大器、检波放大器、检波指示器及稳压电源等单元电路组成,方框图如图 1.17 所示。

(1)测量电压范围:10～300V 分 12 挡:0mV、1mV、3mV、30mV、100mV、300mV、1V、3V、10V、30V、100V、300V。

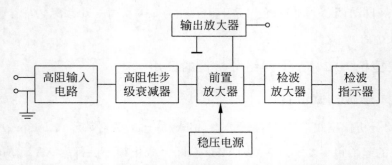

图 1.17　爱使 AS2173 型高频毫伏表工作原理框图

(2) 测量电平范围：$-70 \sim +52$dB。

(3) 被测电压频率范围：5Hz～2MHz。

2. 爱使 AS2173 型高频毫伏表的使用

1) 交流电压的测量

仪器在接通电源之前,先观察指针机械零位,如果不在零位上应调到零位。将量程开关预置于 100V 挡。接通电源,数秒内表针有所摆动,然后稳定。将被测信号输入,将量程开关逆转动,使表针指在适当的位置便可按挡级及表针的位置读出被测电压值。

2) dB(分贝)值的测量

当测量 dB(分贝)值时,可将量程开关所置的 dB 值与表针所指的 dB 值相加读出。

1.4.10　胜利 VC9805A＋型数字万用表

1. 胜利 VC9805A＋型数字万用表面板说明

操作面板如图 1.18 所示。①液晶显示器：显示仪表测量的数值及单位；②功能键：POWER 电源开关,峰值保持开关,背光开关,HOLD 保持开关；③h_{FE} 测试插座：用于测量晶体三极管 h_{FE} 数值大小；④旋钮开关：用于改变测量功能及量程；⑤电容(C_x)或电感(L_x)插座；⑥电压、电阻插座；⑦公共地；⑧小于 200mA 电流测试插座；⑨200mA～20A 电流测试插座。

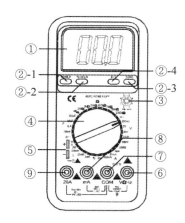

图 1.18　胜利 VC9805A＋型操作面板示意图

2．胜利 VC9805A＋型数字万用表的使用

1）电压测量

将黑表笔插入"COM"插孔,红表笔插入"V/Ω"插孔;将功能开关转至"V"挡,如果被测量电压大小未知,应选择最大量程,再逐步减少,直至获得分辨率最高的读数;测量直流电压时,使"DC/AC"键弹起置于 DC 测量方式;测量交流电压显示,为红表笔所接的该点电压与极性。

2）电流测量

将黑表笔插入"COM"插孔,红表笔插入"mA"或"20A"插孔。将功能开关转至"A"挡,如果被测量电流大小未知,应选择最大量程,再逐步减小,直至获得分辨率最高的读数。测量直流电流时,使"DC/AC"键弹起置于 DC 测量方式。测量交流电流时,使"DC/AC"键按下置于 AC 测量方式。将仪表的表笔串联接入被测电路上,屏幕即显示被测电流值;测量直流电流显示,为红表笔所接的该点电流与极性。

3）电阻测量

将黑表笔插入"COM"插孔,红表笔插入"V/Ω"插孔,将量程开关转至相应的电阻量程上,将两表笔跨接在被测电阻上。

4）电容测量

将测量开关置于相应电容量程上,测试电容插入"C_x"插孔;然后把测试表笔跨接在电容两端进行测量,必要时注意极性。

5)电感测量

将量程开关置于相应电感量程上,被测电感插入"L_x"插孔。

6)频率测量(仅VC9808 *)

首先将表笔或屏蔽电缆接入"COM"和"V/Ω/Hz"输入端,然后,把量程开关转到频率挡;最后将表笔或屏蔽电缆跨接在信号源或被测负载上。

7)三极管 h_{FE} 测量

将量程开关置于"h_{FE}"挡,决定所测晶体管为 NPN 型或 PNP 型,把发射极、基极、集电极分别插入相应插孔。

8)二极管及通断测试

把黑表笔插入"COM"插孔,红表笔插入"V/Ω"插孔(注意:红表笔极性为"+")。将量程开关置于 ━▸━·))) 挡,并将表笔连接到待测试二极管,红表笔接二极管正极,读数为二极管正向压降的近似值。将表笔连接到待测线路的两点,如果内置蜂鸣器发声,则两点之间阻值低于(70±20)Ω。

9)数据保持

按下 HOLD 保持开关,当前数据就会保持在显示器上。再按一次,保持取消。

10)自动休眠

当仪表停止使用或开机使用(20±10)min 后,仪表便自动进入休眠状态。若要重新启动电源,连续按两次"POWER"键,就可重新接通电源。

11)背光显示

按下 B/L 键,背光灯亮,再按一次,背光取消。

1.4.11　清华教仪 TPE-GP5 型通信电子线路实验箱

1. 清华教仪 TPE-GP5 型通信电子线路实验箱的性能指标

实验箱外形如图 1.19 所示,为低频函数信号发生器。输出波形:正弦波、方波、三角波;频率范围:10Hz～100kHz,分四挡 10～100Hz,100Hz～1kHz,1～

10kHz，10～100kHz，连续可调；输出幅值：方波 0～20V（V$_{P-P}$），三角波 0～20V（V$_{P-P}$），正弦波 0～10V（V$_{P-P}$）；输出信号可用按键提供 20dB 的衰减。调制高频信号发生器的波形：正弦波、调幅波、调频波、扫频波；频率范围：100kHz～15MHz，分四挡；模式选择：扫频、调频、点频；输出幅值：0～8V（V$_{P-P}$）；输出信号可用按键提供 30dB 的衰减；实验系统采用 10.7MHz 标准载频。

图 1.19　实验箱实物图

2. 清华教仪 TPE-GP5 型通信电子线路实验箱的功能

清华教仪 TPE-GP5 型通信电子线路实验箱是清华大学科教仪器厂生产的高频实验教学实验箱，其内部面板布局如图 1.20 所示。该实验箱为模块化设计，实验平台由资源区和四个实验区组成。资源区特点：有两种形式 GP-5 型通信电子线路实验箱选择，一种是函数波发生器（10Hz～100kHz）与音频放大器的组合；另一种是正弦波高频信号发生器（100kHz～15MHz）与音频放大器的组合。实验区特点：每个实验区所占有的面积一致，在统一的位置上设置了一个电源插口和三个接地插座。电源插口分别是＋5V、－5V、＋12V、－12V 的稳压电源和接地点，以及为特殊试验而设置的 20V 直流电源。接地插口用滚花螺丝紧固，从而保证了实验模块的快速连接和连接的可靠性。电源输入：AC220V±10％；电源输出：±12V/0.5A，±5V/0.5A，均有过流保护，最大输出电流为 200mA，自动恢复功能。

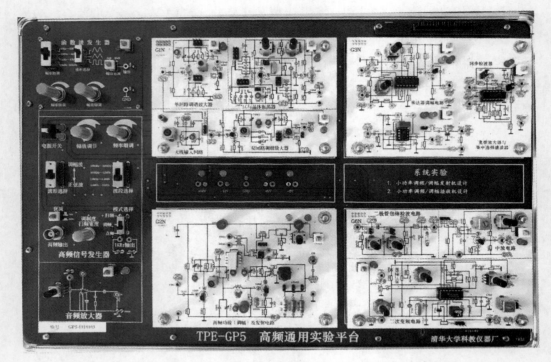

图 1.20　清华教仪 TPE-GP5 通信电子线路实验箱内部面板图

3. 覆盖实验项目

（1）小信号调谐放大器

（2）频带展宽谐振放大器

（3）丙类高频谐振功率放大

（4）LC 电容反馈式三点式振荡器

（5）石英晶体振荡器

（6）低电平振幅调制器

（7）二次变频与鉴频实验

（8）高电平振幅调制器实验

（9）调幅波的二极管包络解调

（10）调幅波的集成芯片同步解调

（11）变容二极管调频振荡器

（12）相位鉴频器实验

（13）调频解调实验

（14）集成电路(压控振荡器)构成的频率调制器

（15）集成电路(锁相环)构成的频率解调器

（16）利用二极管函数电路实现波形转换

（17）小功率调频/调幅发射

（18）晶体管混频电路

（19）小功率调频/调幅接收与解调

（20）集成乘法器混频实验

（21）数字信号发生实验

（22）数字信号分频与伪随机码产生

（23）锁相环式调频

（24）锁相环式鉴频实验

（25）数字信号 FSK 调频

（26）数字信号 FSK 解调实验

（27）数字信号可预置分频电路实验

（28）锁相式数字频率合成器实验

第 2 章

CHAPTER 2

通信电子线路基础实验

本章主要介绍通信电子线路中的单元电路实验,内容涵盖小信号调谐放大器、高频谐振功率放大器、高频正弦波振荡器、振幅调制与检波、频率调制与鉴频、混频电路、锁相环电路及应用。每个单元电路实验都有明确的实验目的、实验原理和实验内容,并在后面列出实验报告要求和实验思考题。

在各单元电路实验之前,要求实验者进行必要的预习,为顺利完成实验做好充分的准备。实验者需要预先阅读实验指导书,理解实验的具体要求、实验目的以及达成实验目标的方法,复习实验原理及相关理论知识,熟悉实验内容、实验步骤、安全操作规程等,了解测量仪器的工作原理、主要技术指标和基本操作要领,分析和预测可能的实验结果,写出预习报告。

在实验过程中,要求严格遵守实验守则,这是对实验者的基本要求。每位实验者都需要了解安全操作事项,特别是要注意人身安全,同时也要爱护实验仪器设备,避免因使用不当而造成意外损坏。要求实验者能够根据实验内容和实验目标正确选择和使用实验仪器和工具,同时也要认识实验仪器设备的局限性以及可能引起的测量误差。实验操作要胆大心细、敢于动手、勤于探索;在实验过程中要能够通过实验现象的观察,加深理解实验电路的工作原理及性能特点;遇到问题或一时无法理解的实验现象要积极思考,善于发现通信电子线路的运行规律,实事求是做好实验记录;遇到实在无法解决的问题,可以与同学一起探讨,也可与实验指导老师进行讨论,或者把问题记录下来,课后查阅有关资料分析后再寻求解决。

在完成实验之后,按照标准格式要求撰写实验报告,对实验过程和实验结果进行总结。首先,对实验测量的数据进行归纳、列表整理,表格需要有表号和名称,并注明数据的单位、哪些是测量值、哪些是计算值,数据的位数要符合精度要求。其次,对数据进行处理,需要绘制曲线时,尽量绘在坐标纸上并标明单位,手工绘制坐标轴应标明刻度,每张图都应该有图号和标题。测量的数据点应该用特殊符号标明,以平滑的曲线连接各数据点。对于实验测量波形,尽量手工绘制,以加深实验印象,对于比较复杂且人工不容易绘制的,可以采用拍照打印的方式粘贴在实验报告上。其次,应用所学理论知识对实验现象和实验数据进行分析与解释,对实验测量结果和理论计算结果进行比较,分析产生误差的原因,提出减小误差的措施与改进方法,并得出实验结论,如实验结果验证了相关理论的正确性。最后,总结实验过程中遇到的问题及解决方法,总结仪器设备的操作技巧与实验技能,总结实验收获和个人心得体会等。

2.1　小信号调谐放大器实验

1. 实验目的

① 通过实验进一步熟悉小信号调谐放大器的电路结构和工作原理。
② 掌握调谐放大器的电压增益、通频带、选择性的定义及测试方法。
③ 熟悉信号源内阻及负载对谐振回路的影响,从而弄清频带扩展方法。
④ 了解高频小信号放大器的动态范围及其测试方法。
⑤ 学会使用频率特性测试仪调整小信号谐振放大器谐振特性的方法。

2. 实验仪器

➤ 高频实验箱
➤ 双踪示波器
➤ 数字万用表
➤ 扫频仪(可选)
➤ 高频信号发生器
➤ 高频毫伏表

3. 实验原理

1) 谐振频率

放大器的调谐回路谐振时所对应的频率 f_0 称为放大器的谐振频率,对于

图 2.1 所示电路，f_0 的表达式为

$$f_0 = \frac{1}{2\pi\sqrt{LC_\Sigma}}$$

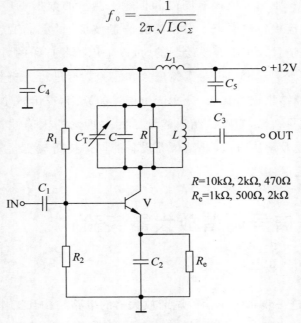

图 2.1　小信号调谐放大器

式中，L 为调谐回路电感线圈的电感量，C_Σ 为调谐回路的总电容。C_Σ 的表达式为

$$C_\Sigma = C + P_1^2 C_{oe} + P_2^2 C_{ie}$$

式中，C_{oe} 为晶体管的输出电容；C_{ie} 为晶体管的输入电容；P_1 为初级线圈抽头系数；P_2 为次级线圈抽头系数。

谐振频率 f_0 的测量方法：用扫频仪作为测量仪器，测出电路的幅频特性曲线，调电压线圈 L 的磁芯，使电压谐振曲线的峰值出现在规定的谐振频率点 f_0。

2）电压放大倍数

放大器的谐振回路谐振时，所对应的电压放大倍数 A_{V0} 称为调谐放大器的电压放大倍数。A_{V0} 的表达式为

$$A_{V0} = -\frac{v_o}{v_i} = \frac{-p_1 p_2 y_{fe}}{g_\Sigma} = \frac{-p_1 p_2 y_{fe}}{p_1^2 g_{oe} + p_2^2 g_{ie} + G}$$

式中，g_Σ 为谐振回路谐振时的总电导。要注意的是 y_{fe} 本身也是一个复数，所以谐振时输出电压 V_o 与输入电压 V_i 相位差不是 $180°$ 而是 $180° + y_{fe}$。

A_{V0} 的测量方法是：在谐振回路已处于谐振状态时，用高频电压表测量图 2.1 中输出信号 V_o 及输入信号 V_i 的大小，则电压放大倍数 A_{V0} 为

$$A_{V0} = V_o/V_i \quad 或 \quad A_{V0} = 20\lg(V_o/V_i)\,\mathrm{dB}$$

3）通频带

由于谐振回路的选频作用，当工作频率偏离谐振频率时，放大器的电压放大倍数下降，习惯上称电压放大倍数 A_V 下降到谐振电压放大倍数 A_{V0} 的 0.707 倍时所对应的频率偏移称为放大器的通频带 BW，其表达式为

$$\mathrm{BW} = 2\Delta f_{0.7} = f_0/Q_L$$

式中，Q_L 为谐振回路的有载品质因数。

分析表明，放大器的谐振电压放大倍数 A_{V0} 与通频带 BW 的关系为

$$A_{V0} \cdot \mathrm{BW} = \frac{|y_{fe}|}{2\pi C_\Sigma}$$

上式说明，当晶体管选定即 y_{fe} 确定，且回路总电容 C_Σ 为定值时，谐振电压放大倍数 A_{V0} 与通频带 BW 的乘积为一常数。这与低频放大器中的增益带宽积为一常数的概念是相同的。通频带 BW 的测量方法是通过测量放大器的谐振曲线来求通频带。测量方法可以是扫频法，也可以是逐点法。逐点法的测量步骤是：先调谐放大器的谐振回路使其谐振，记下此时的谐振频率 f_0 及电压放大倍数 A_{V0}，然后改变高频信号发生器的频率(保持其输出电压 V_S 不变)，并测出对应的电压放大倍数 A_{V0}。由于回路失谐后电压放大倍数下降，所以放大器的谐振曲线如图 2.2 所示。

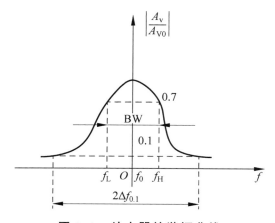

图 2.2　放大器的谐振曲线

可得，$BW=f_H-f_L=2\Delta f_{0.7}$。

通频带越宽，放大器的电压放大倍数越小。要想得到一定宽度的通频宽，同时又能提高放大器的电压增益，除了选用 y_{fe} 较大的晶体管外，还应尽量减小调谐回路的总电容量 C_Σ。如果放大器只用来放大来自接收天线的某一固定频率的微弱信号，则可减小通频带，尽量提高放大器的增益。

2.1.1　单调谐回路谐振放大器

1. 实验电路

如图 2.3 所示，对照电路原理图熟悉实验板电路，并在电路板上找出与原理图相对应的各测试点及可调器件。测量 +12V 电源电压，无误后，关闭电源。

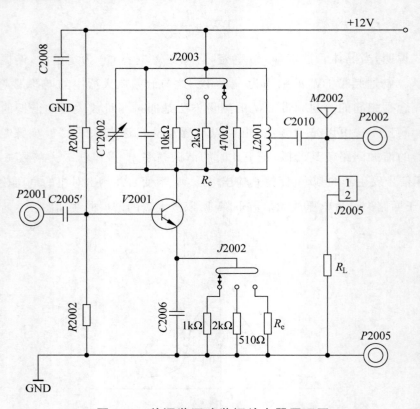

图 2.3　单调谐回路谐振放大器原理图

根据图 2.3 搭接测试电路,并仔细检查,确认无误后接通电源。选用 G1N 调谐放大器实验板,并将其固定在实验箱的实验区上。

2. 静态测量

实验电路中选 $R_e=1k\Omega$,测量各静态工作点,按表 2.1 所列项目,测量、计算、分析相关内容,并填入表中。

表 2.1 小信号谐振放大器的静态工作点测试

测　　量		计　　算		根据 V_{CEQ} 判断 V 是否工作在放大区		原因
$V_{BQ}(V)$	$V_{EQ}(V)$	$I_{CQ}(mA)$	$V_{CEQ}(V)$	是	否	

注:V_B,V_E 是三极管的基极和发射极对地电压。

3. 动态研究

测放大器的动态范围 $U_i \sim U_o$(在谐振点)取 $R_c=2k\Omega$,$R_e=1k\Omega$,把高频信号发生器接到电路输入端,电路输出端接高频毫伏表,选择正常放大区的输入电压 U_i,调节频率 f 使其为 10.7MHz 的等幅正弦波,调节 CT2000 使回路谐振,使输出电压幅度最大。此时调节 U_i 由 20mV 变到 800mV,逐点记录 U_o 电压值,并填入表 2.2 中。U_i 的各点值可根据实际情况来确定。

表 2.2 放大器的电压放大倍数测试

	$U_i(mV)$	20									800
$U_o(V)$	$R_e=1k\Omega$ 时, $V_{EQ}=?$										
	$R_e=500\Omega$ 时, $V_{EQ}=?$										
	$R_e=2k\Omega$ 时, $V_{EQ}=?$										

当 R_e 分别为 500Ω、$2k\Omega$ 时,重复上述过程,将结果填入表 2.2。在同一坐标中画出 $I_{CQ} \approx \dfrac{V_{EQ}}{R_e}$ 时的动态范围曲线,并进行比较和分析。

当回路电阻 $R_c = 10\text{k}\Omega$ 时,选择正常放大区的输入电压 U_i,将高频信号发生器输出端接至电路输入端,调节频率 f 使其为 10.7MHz,调节 $CT2000$ 使回路谐振,输出电压幅度为最大,此时的回路谐振频率 $f_0 = 10.7\text{MHz}$,为中心频率。保持输入电压 U_i 不变,改变频率 f 由中心频率向两边逐点偏离,测得在不同频率 f 时对应的输出电压 U_o,将测得的数据填入表 2.3 中。频率偏离范围可根据实测情况来确定。

表 2.3　频率响应测试(逐点法测量结果)($U_{\text{imax}} < 30\text{mV}$)

$R_c = 10\text{k}\Omega$	f(MHz)				10.7		
	U_o(V)						
$R_c = 2\text{k}\Omega$	f(MHz)				10.7		
	U_o(V)						
$R_c = 470\Omega$	f(MHz)				10.7		
	U_o(V)						

计算 $f_0 = 10.7\text{MHz}$ 时的电压放大倍数及回路的通频带和 Q 值。

改变谐振回路电阻,即 R_c 分别为 $2\text{k}\Omega$、470Ω 时,重复上述测试,并填入表 2.3 中,并比较通频带情况。

仍选 $R_c = 2\text{k}\Omega$,$R_e = 1\text{k}\Omega$。将扫频仪射频输出送入电路输入端,电路输出接至扫频仪检波器输入端。观察并记录回路谐振曲线(扫频仪输出衰减挡位应根据实际情况来选择适当位置),调回路电容 $CT2002$,使 $f_0 = 10.7\text{MHz}$。注意:当扫频仪的检波探头为高阻时,电路的输出端必须接入 R_L,而当扫频仪的检波探头为低阻探头时,则不要接入 R_L(下同)。

2.1.2　双调谐回路谐振放大器

1. 实验电路

如图 2.4 所示,选用 G1N 调谐放大器实验板。

2. 用扫频仪调双回路谐振曲线

将扫频仪射频输出接入电路输入端,电路输出接至扫频仪检波器输入端。观察双回路谐振曲线,并记录双回路谐振曲线,选 $C_c = 3\text{pF}$,反复调整 $CT2003$、$CT2004$ 使两回路谐振在 10.7MHz。

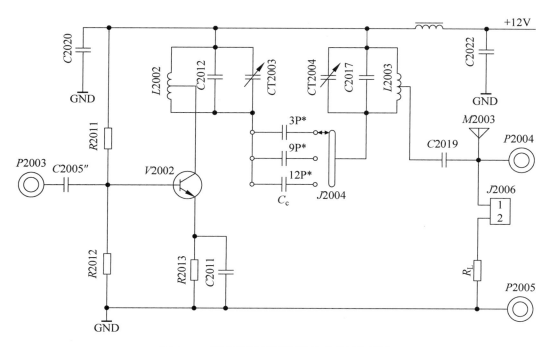

图 2.4　双调谐回路谐振放大器原理图

3. 用逐点法测双回路放大器的频率特性

按图 2.4 所示连接电路,将高频信号发生器输出端接至电路输入端 $P2003$,将示波器探头连接到电路的输出端 $P2004$,选 $C_c=3$pF,置高频信号发生器频率为 10.7MHz,反复调整 $CT2003$、$CT2004$ 使两回路谐振,使输出电压幅度为最大,此时的频率为中心频率。然后保持高频信号发生器输出电压不变,改变频率,由中心频率向两边逐点偏离,测得对应的输出频率 f 和电压值,并填入表 2.4 中。

表 2.4　双回路放大器的频率特性

	f(MHz)				10.7			
U_o(V)	$C_c=3$pF							
	$C_c=9$pF							
	$C_c=12$pF							

改变耦合电容 $C_c=9$pF 和 $C_c=12$pF 重复上述测试,并填入表 2.4 中。

注意:天线输入回路是无线电接收设备中必不可少的电路。天线回路使用扫频仪调整,将扫频仪输出与检波探头同时加在 $M2001$,调整 $CT2001$,使输入回路谐振为 10.7MHz。在实际联机时,再做进一步调整。

4. 实验报告要求

① 按照标准格式撰写实验报告。

② 画出实验电路图 2.1 直流和交流等效电路,计算直流工作点,与实验实测结果比较。

③ 整理实验数据,并画出幅频特性。单调谐回路接不同回路电阻时的幅频特性和通频带,整理并分析原因。双调谐回路耦合电容 C 对幅频特性,通频带的影响。从实验结果找出单调谐回路和双调谐回路的优缺点。

④ 放大倍数下降 1dB 的折弯点 V_0 定义为放大器动态范围,讨论 I_c 对动态范围的影响。

5. 问题与思考

① 为什么要进行静态测量?静态工作点对放大器的动态范围有何影响?

② 如何判断放大器的谐振回路处于放大状态?

③ 哪些因素分别影响通频带的上、下截止频率?

④ 在 LC 调谐回路并联电阻 R_c 起什么作用?

2.2 丙类高频谐振功率放大器实验

1. 实验目的

① 熟悉高频谐振功率放大器的电路结构。

② 通过实验加深对于高频谐振功率放大器工作原理的理解。

③ 熟悉丙类高频谐振功率放大器的负载特性。

④ 观察三种状态的脉冲电流波形。

⑤ 理解基极偏置电压、集电极电压、激励电压的变化对于工作状态的影响。

⑥ 掌握丙类高频谐振功率放大器的计算与设计方法。

2. 实验仪表

➢ 双踪示波器

> 高频信号发生器
> 数字万用表
> TPE-GP5 通用实验平台
> G1N、G2N 实验模块

3. 实验原理

1）电路特点

本电路的核心是谐振功率放大器,在此电路基础上,将音频调制信号加入集电极回路中,利用谐振功率放大电路的集电极调制特性,完成集电极调幅实验。当电路的输出负载为天线回路时,就可以完成无线电发射的任务。为了使电路稳定,易于调整,本电路设置了独立的载波振荡源。

2）工作原理

如图 2.5(a)所示,谐振功率放大器是以选频网络为负载的功率放大器,它是无线电发送中最为重要、最为难调的单元电路之一。根据放大器电流导通角的范围可分为甲类、乙类、丙类等类型。丙类功率放大器导通角 $\theta < 90°$,集电极效率可达 80%,一般用作末级放大,以获得较大的功率和较高的效率。

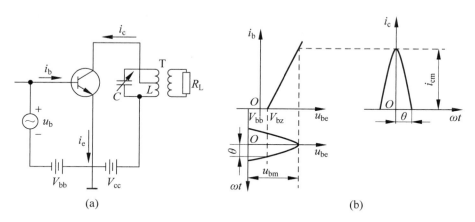

(a) (b)

图 2.5　双调谐回路谐振放大器原理图

图 2.5(a)中,V_{bb} 为基极偏压,V_{cc} 为集电极直流电源电压。为了得到丙类工作状态,V_{bb} 应为负值,即基极处于反向偏置。u_b 为基极激励电压。图 2.5(b)给出了晶体管的转移特性曲线,以便用折线法分析集电极电流与基极激励电压的关系。

V_{bz} 是晶体管发射结的起始电压(或称转折电压)。由图 2.5 可知,只有在 u_b 的正半周,并且大于 V_{bb} 和 V_{bz} 绝对值之和时,才有集电极电流流通。即在一个周期内,集电极电流 i_c 只在 $-\theta \sim +\theta$ 时间内导通。由图 2.5 可见,集电极电流是尖顶余弦脉冲,对其进行傅里叶级数分解可得到它的直流、基波和其他各次谐波分量的值,即

$$i_c = I_{C0} + I_{C1M}\cos\omega t + I_{C2M}\cos 2\omega t + \cdots + I_{CnM}\cos n\omega t + \cdots$$

$$\cos\theta = \frac{V_{bz} + V_{bb}}{U_{bm}}$$

为了获取较大功率和较高效率,一般取 $\theta = 70° \sim 80°$。完整的电路图如图 2.6 所示。V3001 为推动级,为末级功放电路提供足够的激励电压。V3002 构成丙类谐振放大电路。R3006、C3007 以及 L3003 等元件构成了自给负偏置电路。$R_{L1} \sim R_{L3}$ 为负载电阻,在负载电阻和功放电路集电极之间采用变压器电路,以完成负载和集电极之间阻抗变换。在功放输出级电路中设置了跳线短路端子 J3002 和 J3003。J3003 可完成 +12V 电源和 +6 $\sim$ +9V 可调电源之间的转换,以观察集电极调制特性和完成高电平调幅电路的实验。J3002 是为了在集电极回路中加入低频调制信号而设置的。R3005 是取样电阻,以便观察脉冲电流波形。高频信号由 P3001 输入,可以使用外接信号源,也可以用实验箱上的"LC 与晶体振荡器"电路或"变容二极管振荡器"电路的输出作为信号源。

高频功放电路的调谐与调整原则,理论分析表明,当谐振功率放大器集电极回路对于信号频率处于谐振状态时(此时集电极负载为纯电阻状态),集电极直流电流 I_{C0} 为最小,回路电压 U_L 最大,且同时发生。然而,由于晶体管在高频工作状态时,内部电容 C_{bc} 的反馈作用明显,上述 I_{C0} 最小、回路电压 U_L 最大的现象不会同时发生。因此,本实验电路,不单纯采用监视 I_{C0} 的方法,而采用同时监视脉冲电流 i_C 的方法调谐电路。由理论分析可知,当谐振放大器工作在欠压状态时,i_C 是尖顶脉冲,工作在过压状态时,i_C 是凹顶脉冲,而当处于临界状态下工作时,i_C 是一平顶或微凹陷的脉冲。这也正是高频谐振功率放大器的设计原则,即在最佳负载条件下,使功率放大器工作于临界状态,以获取最大输出功率和较大工作效率。

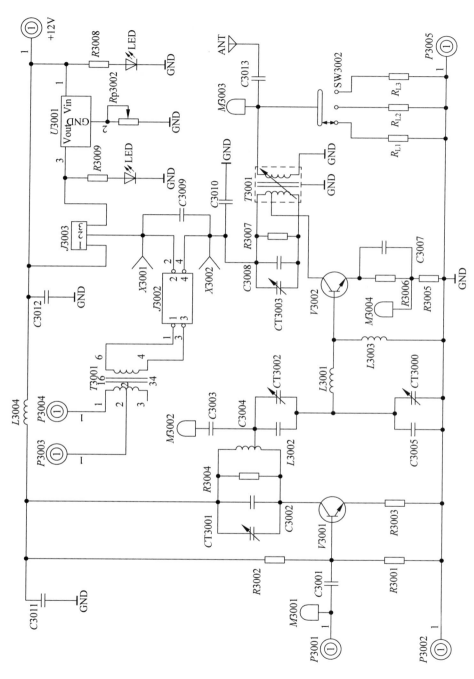

图 2.6 高频功放（调幅）及发射电路原理图

本实验电路的最佳负载为 75Ω,所以也应以此负载为调试基础调试临界工作状态。

4. 实验内容及步骤

1) 实验模块的紧固与连接

取出 G1N 与 G2N 实验模块,并将其正确固定在 TPE-GP5 通用实验平台的实验区上,建议将 G1N 置于左上角实验区,G2N 置于与其相连的实验区(右上角)。这样做的目的是便于实验电路之间的连接。

2) 载波振荡源的调整

接通实验平台总电源,并在 G1N 模块上找到"LC 与晶体振荡器",按下该电路的电源按键 SW1001,此时该电路的电源指示灯发光,表示电源已接通。

将该电路连接成晶体振荡器的形式,即用短路环短接跳线端子 $J1001$,并使 $S1001$、$S1003$ 和 $S1004$ 开路,$S1002$ 作适当连接。用示波器在 $M1001$ 处测试其输出波形,调整 $Rp1001$ 和 $Rp1002$ 使振荡器稳定输出,幅度大约为 $0.4V$(频率为 $10.7MHz$)。用短接线将该信号连接至 $P3001$(G2N 小板高频功放电路的输入端)。

3) 功放电路的调整

按下高频功放电路的电源按键 SW3001,此时该电路的电源指示灯发光,表示电源已接通。用短路环分别短接跳线端子 $J3003$ 的①、②引脚和跳线端子 $J3002$ 的②、④引脚,使 $+12V$ 电源直接接入 $V3002$ 的集电极。用跳线端子接通负载电阻 R_{L2}(75Ω)。推动级的调整,将示波器 1 通道测试探头(衰减 10 倍,下同)连接至 $M3001$,灵敏度置于 $0.2V/DIV$ 挡(由于探头有 10 倍衰减,故实际相当于 $2V/DIV$),用以监测推动级的输出电压波形。仔细调整 $CT3001$,使推动级的输出电压最大$[(3.5\sim4)V_{P-P}]$。

丙类功放的调整,将示波器 2 通道测试探头(衰减 10 倍,下同)连接至测试点 $M3003$ 处,灵敏度置于 $0.2V/DIV$ 挡(由于探头有 10 倍衰减,故实际相当于 $2V/DIV$),用以监测功放级的输出波形。将示波器 1 通道测试探头(衰减 10 倍,下同)改接至 $M3004$,灵敏度置于 $10mV/DIV$ 或 $20mV/DIV$ 挡,用以检测脉冲电流。仔细调整 $CT3003$,使输出回路谐振,且实现负载到集电极间的阻抗转换。观察 $M3003$ 处的波形,应能得到失真最小的正弦波形。同时观察 $M3004$ 处的波形,是否得到了一个临界状态的脉冲电流波形(略有凹陷的波形)。若未能观察到临界状态的脉冲电流,则需要仔细调整 CT3001、CT3002 和 CT3000,使功放级的输入达到较好的匹配状态,必要时还需适当地调整载波信号源的输出幅度。正常情况下,在 $M3001$ 处观察到的输出波形幅度应不低于 9.4V。

4) 负载特性的观察

保持信号源频率和幅度不变,将负载分别接至 R_{L1}(120Ω)和 R_{L3}(39Ω),应能观察到过压和欠压状态的脉冲电流形状。调整直至在保持信号源频率和幅度不变的情况下,随着负载的改变可出现过压、临界和欠压的三种状态的脉冲电流波形。三种状态的脉冲电流波形大致如图 2.7 所示。

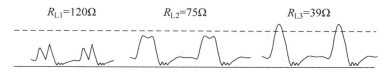

$R_{L1}=120Ω$ $R_{L2}=75Ω$ $R_{L3}=39Ω$

图 2.7 不同负载下的脉冲电流波形

上述脉冲波形,描绘了放大器的负载特性,即随着 R_c 的增大,I_c 随之减小。放大状态由欠压状态向过压状态过渡。

当观察到负载特性后,记录三种负载条件下的负载上获得的输出电压 $V_{L(P-P)}$,电源提供功放管集电极的电压 V_c,为了避免电压表输入阻抗对于输出回路的影响,测量 V_c 应当在 $J3002$ 的②引脚测试。测试三种状态下的集电极直流电流时,既可以采用在 $J3002$ 的②、④引脚间接入直流电流表(200mA 挡)直接读数,也可以采用测量发射极电阻上的压降再换算成电流的方法。但电流表接入回路后,会对输出及脉冲电流波形产生一定影响,所以推荐采用第二种方法测试集电极直流电流。换算方法: $I_{C0}=V_E/R_E$(已知 $R_E=10Ω$)。最后将测试结果填入表 2.5 中。

表 2.5 高频功放实验数据记录表

$R_L(Ω)$	实 测 数 据			计 算 结 果		
	$I_{C0}(A)$	$V_{L(P-P)}(V)$	$V_C(V)$	$P_S(mW)$	$P_L(mW)$	$\eta(\%)$
39						
75						
120						

5）集电极调制特性的观察

将负载置于 39Ω 挡,输入信号电压及 E_b 保持不变,用短路环将 $J3003$ 的 2、3 端短接,用 $6\sim10V$ 可调电源给功放管的集电极供电。调整 $Rp3002$,观察发射极脉冲电流波形的变化,如图 2.8 所示,这些变化描述了丙类功放电路的集电极调制特性,即随着 V_{CC} 增大,脉冲电流将会由过压状态向临界再向欠压状态变化。

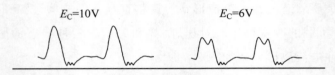

图 2.8　E_C 不同时的脉冲电流波形($R_L=39\Omega$)

放大特性的观察,保持 V_{CC}、E_b、R_L 不变,改变输入电压的幅值。可以看出随着信号幅度由小到大变化,脉冲电流将由欠压状态向临界状态再向过压状态变化的现象。

6）效率的计算与计算公式说明

利用下面提供的公式和前述表中的测试结果计算三种负载条件下的效率,将结果填入表中。电源提供给功放级的总功率:$P_S=I_{C0}\times V_D$;负载上得到的功率:$P_L=V_{O(P-P)}^2/8R_L$;功率放大级的总效率:$\eta=P_L/P_S$;本电路的总效率一般可达到 50% 以上。

5. 实验报告要求

① 按照标准格式撰写实验报告。

② 阐述高频调谐功率放大器的工作原理,计算直流工作点。

③ 画出高频调谐功率放大器的基极电压、集电极电压、集电极电流的波形,分析波形的特点。

④ 整理实验数据,总结心得体会。

6. 问题与思考

① 若谐振放大器工作在过压状态,为了使其工作在临界状态,可以改变哪些电路参数?

② 若谐振放大器工作在欠压状态,为了使其工作在临界状态,可以改变哪些

电路参数？

③ 如何判断本电路工作于丙类状态？

④ 如何判断放大器工作在临界状态？

⑤ 在实验过程中是如何实现集电极电流波形的观测？

⑥ 在高频调谐功率放大器中，集电极输出余弦脉冲电流变形，为什么输出电压却是正弦波？

2.3　*LC* 电容反馈三点式振荡器

1. 实验目的

① 熟悉电容三点式振荡器（考毕兹电路）、改进型电容三点式振荡器（克拉泼电路及西勒电路）的电路特点、结构及工作原理。

② 掌握振荡器静态工作点调整方法。

③ 熟悉频率计、示波器等仪器的使用方法。

2. 实验仪器设备

➤ 双踪示波器

➤ 频率计

➤ 万用表

➤ TPE-GP5 通用实验平台

➤ G1N 实验模块

3. 实验原理

振荡器是一种在没有外来信号的作用下，能自动地将直流电源的能量转换为一定波形的交变振荡能量的装置。根据振荡器的特性，可将振荡器分为反馈式振荡器和负阻式振荡器两大类，*LC* 振荡器属于反馈式振荡器。工作时，它应满足两个条件。

相位条件：反馈信号必须与输入信号同相，以保证电路是正反馈电路，即电路的总相移 $\Sigma\varphi = \varphi_k + \varphi_F = n \times 360°$。

振幅条件：反馈信号的振幅应大于或等于输入信号的振幅，即 $|AF| \geqslant 1$，式中

A 为放大倍数，F 为反馈系数。

当振荡器接通电源后，电路中存在着各种电的扰动（如热噪声、晶体管电流的突变等），它们就是振荡器起振的初始激励。经过电路放大和正反馈的作用，它们的幅度会得到不断的加强。同时，由于电路中 LC 谐振回路的选频作用，只有等其谐振频率的电压分量满足振荡条件，最终形成了单一频率的振荡信号。

图 2.9 为实验电路，V1001 及周边元件构成了电容反馈振荡电路及石英晶体振荡电路。V1002 构成射极输出器。S1001、S1002、S1003、J1001 分别连接在不同位置时，就可分别构成考毕兹、克拉泼和西勒三种不同的 LC 振荡器以及石英晶体振荡器。

图 2.10 给出了几种振荡电路的交流等效电路图。

图 2.10(a) 是考毕兹电路，是电容三点式振荡电路的基本形式，可以看出晶体管的输出、输入电容分别与回路电容 C_1、C_2 相并联（为叙述方便，图中 $C1001$、$C1002$ 等均以 C_1、C_2 表示，其余类推），当工作环境改变时，就会影响振荡频率及其稳定性。加大 C_1、C_2 的容值可以减弱由于 C_o、C_i 的变化对振荡频率的影响，但在频率较高时，过分增加 C_1、C_2，必然减小 L 的值（以维持振荡频率不变），从而导致回路 Q 值下降，振荡幅度下降，甚至停振。

图 2.10(b) 为克拉泼电路，回路电容 $1/C_\Sigma = 1/C_3 + 1/(C_2 + C_i) + 1/(C_1 + C_o)$，因 $C_3 \ll C_1$、$C_3 \ll C_2$，$1/C_\Sigma \approx 1/C_3$，即 $C_\Sigma \approx C_3$，故 $f_0 = \dfrac{1}{2\pi\sqrt{LC_\Sigma}} \approx \dfrac{1}{2\pi\sqrt{LC_3}}$ 回路电容主要取决于 C_3，从而使晶体管极间电容的影响降低。但应注意的是，C_3 改变，接入系数改变，等效到输出端的负载电阻 R_L 也将随之改变，放大器的增益也会将发生改变，即 $C_3 \downarrow \to R_L \downarrow \to$ 增益 $\downarrow$，有可能因环路增益不足而停振。

图 2.10(c) 为西勒电路，同样有 $C_3 \ll C_1$、$C_3 \ll C_2$，故 $C_\Sigma \approx C_3 + C_4$，振荡频率为

$$f_0 = \frac{1}{2\pi\sqrt{LC_\Sigma}} \approx \frac{1}{2\pi\sqrt{L(C_3 + C_4)}}$$

而接入系数为

$$p = \frac{\dfrac{1}{j\omega C_1}}{\dfrac{1}{j\omega C_1} + \dfrac{1}{j\omega C_2} + \dfrac{1}{j\omega C_3}} \approx \frac{C_3}{C_1}$$

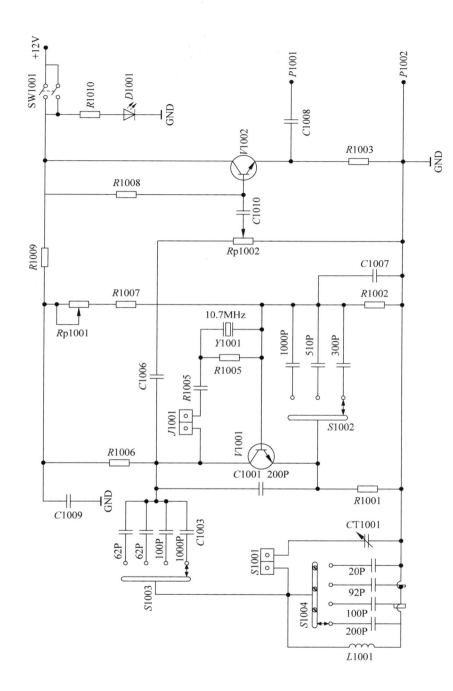

图 2.9 正弦波振荡实验电路

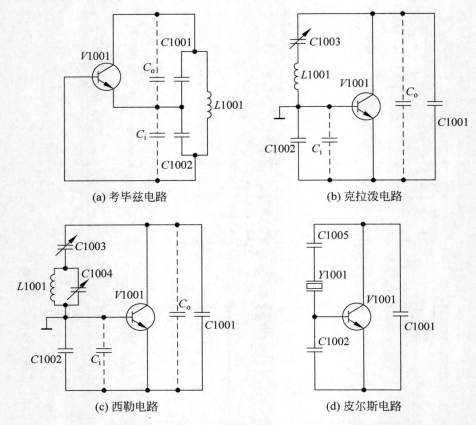

(a) 考毕兹电路　　　　　　　　(b) 克拉泼电路

(c) 西勒电路　　　　　　　　(d) 皮尔斯电路

图 2.10　几种振荡电路计入 C_o、C_i 时的交流等效电路

由于 C_4 的接入并不影响接入系数,故对增益影响较小,这样不仅使电路的频率稳定性提高了,而且使得频率覆盖范围扩大。

图 2.10(d)所示的是并联晶体振荡器(皮尔斯电路),该电路的振荡频率近似为晶体的标称频率,C_5 可以减小晶体管与晶体管之间的耦合作用。

4. 实验内容与步骤

1) 实验内容

分析电路结构,正确连接电路,使电路分别构成三种不同的振荡电路。研究反馈大小及工作点对考毕兹电路振荡频率、幅度及波形的影响。研究克拉泼电路中电容 $C1003$-1、$C1003$-2、$C1003$-3 对振荡频率及幅度的影响。研究西勒电路中电容

$C1004$ 对振荡频率及幅度的影响。

2）实验步骤

① 取出 G1N 模块,并将其正确固定在 TPE-GP5 实验箱的实验区上。

考毕兹电路:利用跳线端子将实验电路连接成考毕兹电路。

$S1001$ 开路

$S1002$ 按需要接入 $C1002$ 的值

$S1003$ 接 $C1003$-4(1000P)

$S1004$ 开路

② 调整静态工作点,使 U_e 分别为 1V、1.5V、2V 时,测量 $C1001=200\text{pF}$、$C1002=1000\text{pF}$ 的幅度、频率及波形。固定 $U_e=1\text{V}$,$C1001=200\text{pF}$,改变 $C1002$ 的值,测量幅度、频率计波形。

③ 克拉泼电路:利用跳线端子将实验电路连接成克拉泼电路。

$S1001$ 开路

$S1002$ 接入 $C1002$-3$=1000\text{pF}$

$S1003$ 按需要接入 $C1003$ 的值

$S1004$ 开路

④ 固定 $U_e=1.5\text{V}$,$C1001=200\text{pF}$,$C1002$-3$=1000\text{pF}$,改变 $C1003$ 的数值测量幅度、频率及波形。

⑤ 西勒电路:利用跳线端子将实验电路连接成西勒电路。

$S1001$ 开路

$S1002$ 接入 $C1002$-3(1000pF)

$S1003$ 接入 $C1003$-2(62pF)

$S1004$ 按需要接入 $C1004$ 的值

⑥ 固定 $U_e=2\text{V}$,$C1001=200\text{pF}$,$C1002$-3$=1000\text{pF}$,改变 $C1004$ 的数值测量幅度、频率及波形。求西勒电路的频率覆盖系数。

5. 实验报告要求

① 写明实验目的。

② 写明实验所用仪器设备。

③ 画出实验电路的直流与交流等效电路,整理实验数据,分析实验结果。

④ 以 I_{EQ} 为横轴,输出电压峰峰值 V_{P-P} 为纵轴,将不同 C/C' 值下测得的三组数据,在同一坐标纸上绘制成曲线。

⑤ 说明本振荡电路的特点。

6. 问题与思考

① 振荡波形是如何形成的? 为什么是正弦波而不是其他波形?

② 影响振荡器的平衡状态的因素有哪些?

③ 影响振荡器的频率稳定性的因素有哪些? 如何实现稳频?

2.4　石英晶体振荡器

1. 实验目的

① 了解晶体振荡器的工作原理及特点。

② 掌握晶体振荡器的设计方法及参数计算方法。

2. 实验仪器设备

➢ 双踪示波器

➢ 频率计

➢ 万用表

➢ TPE-GP5 通用实验平台

➢ G1N 实验模块

3. 实验原理

由于石英晶体具有正、反压电效应,因此可以做成谐振器使用。与一般谐振回路相比,石英晶体谐振器有以下特点:回路的标准性高,受外界影响小;接入系数 $p=\dfrac{C_a}{C_o}\ll 1, Q=\dfrac{\omega L_q}{r_q}\gg 1$。故而石英晶体谐振器的频率稳定度较高,可达 10^{-4} 量级以上。

晶体振荡器可以分为两大类:并联型晶体振荡器和串联型晶体振荡器,如图 2.11 和图 2.12 所示。在并联型晶体振荡器中,晶体起等效电感的作用;在串联型晶体振荡器中,晶体起选频短路线的作用。

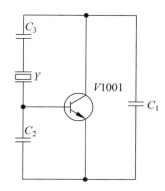　　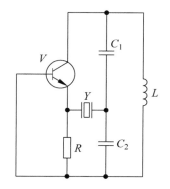

图 2.11　并联型晶体振荡电图　　　　**图 2.12　串联型晶体振荡电路**

1) 并联型晶体振荡器

图 2.11 为并联型晶体振荡器(皮尔斯振荡器)的交流等效电路图,其振荡频率近似为晶体的标称频率,电路中与晶体串联的小电容可减小晶体管与晶体之间的耦合作用,同时调整该电容可以微调振荡频率。

2) 串联型晶体振荡器

图 2.12 为串联型晶体振荡器的交流等效电路图,晶体串联在反馈之路中,当谐振频率等于晶体的振荡频率时,晶体相当于短路,从而构成反馈式振荡器电路。

3) 实际电路简介

实际电路图见实验指导书中的图 2.9,利用跳线端子 $J1001$ 可以方便地切换为皮尔斯电路。

4. 实验内容及步骤

① 短接跳线端子 $J1001$,$S1001$、$S1003$ 和 $S1004$ 开路,$S1002$ 作适当连接。

② 调整 $Rp1001$ 和 $Rp1002$,使输出幅度最大且失真最小。

③ 比较 $S1002$ 在三种不同位置时的波形与幅值。

④ 测量频率稳定度。

⑤ 将 $S1002$ 置于 $S1002$-2 的位置,使 $C1002$-2(510pF)接入电路,电源接通

5min 后在 $P1001$ 处用频率计测试频率，以后每隔 5min 测量一次，共测 7 次，记录测试数据。计算相对频率稳定度为

$$\frac{\Delta f_0}{f_0} = \frac{f_0 - f}{f_0}$$

式中，f_0 是标准频率（10.7MHz），f 是实际测试频率。

⑥ 将实验结果与 LC 振荡器相比较。

5. 实验报告要求

① 按照标准格式撰写实验报告。

② 整理实验数据，分析实验结果。

③ 根据图 2.12 所示的串联型晶体振荡器交流等效电路，绘出完整电路图。

④ 比较静态工作点对晶体振荡器与 LC 振荡器的影响。

2.5 低电平振幅调制器

1. 实验目的

① 掌握用集成模拟乘法器实现全载波调幅和抑制载波双边带调幅的方法与过程。

② 研究已调波与二个输入信号的关系。

③ 掌握测量调幅系数的方法。

④ 通过实验中波形的变换，学会分析实验现象。

2. 实验仪器设备

➢ 双踪示波器

➢ 万用表

➢ TPE-GP5 高频通用实验平台

➢ G3N 模块

3. 实验原理

幅度调制就是载波的振幅受调制信号的控制作周期性的变化。变化的周期与调制号周期相同。即振幅变化与调制信号的振幅成正比。

1）普通调幅波

普通调幅波表达式、波形设调制信号为单一频率的余弦波，即

$$u_\Omega(t) = U_{\Omega m}\cos\Omega t = U_{\Omega m}m\cos 2\pi Ft$$

载波信号为

$$u_c(t) = U_{cm}\cos\omega_c t = U_{cm}\cos 2\pi f_c t$$

为了简化分析，设二者波形的初相角均为零，因为调幅波的振幅和调制信号成正比，由此可得调幅波的振幅为

$$U_{AM}(t) = U_{cm} + k_a U_{\Omega m}\cos\Omega t$$

$$= U_{cm}\left(1 + k_a\frac{U_{\Omega m}}{U_{cm}}\cos\Omega t\right)$$

$$= U_{cm}(1 + m_a\cos\Omega t)$$

式中，

$$m_a = k_a\frac{U_{\Omega m}}{U_{cm}}$$

式中，m_a 称为调幅指数或调幅度，它表示载波振幅受调制信号控制的程度，k_a 为由调制电路决定的比例常数。由于实现振幅调制后载波频率保持不变，因此已调波的表示式为

$$u_{AM}(t) = U_{AM}(t)\cos\omega_c t = U_{cm}(1 + m_a\cos\Omega t)\cos\omega_c t$$

可见，调幅波也是一个高频振荡，而它的振幅变化规律（即包络变化）是与调制信号完全一致的。因此调幅波携带着原调制信号的信息。由于调幅指数 m_a 与调制电压的振幅成正比，即 $U_{\Omega m}$ 越大，m_a 越大，调幅波幅度变化越大，m_a 小于或等于1。如果 $m_a > 1$，调幅波产生失真，这种情况称为过调幅，在实际工作中应当避免产生过调幅。

2）抑制载波单边带调幅（SSB/SC-AM）

单边带调幅（SSB）相比于双边带调幅进一步节省发射功率，而且频带的宽度也缩小了一半，这对于波道特别拥挤的短波通信是很有利的。

获得单边带信号常用的方法有滤波法和移相法，现简述采用滤波法实现 SSB 信号。调制信号 u_Ω 和 u_c 经乘法器（或平衡调幅器）获得抑制载波的双边带调幅（DSB）信号，再通过带通滤波器滤除 DSB 信号中的一个边带（上边带或下边带），便

可获得 SSB 信号。当边带滤波器的通带位于载频以上时,提取上边带,反之提取下边带。

由此可见,滤波法的关键是高频带通滤波器,它必须具备这样的特性:对于要求滤除的边带信号应有很强的抑制能力,而对于要求保留的边带信号应使其不失真地通过。这就要求滤波器在载频处具有非常陡的滤波特性。

已知,双边带信号为

$$u_{\text{DSB}}(t) = Au_\Omega u_c = AU_{\Omega m}\cos\Omega t U_{cm}\cos\omega_c t$$

$$= \frac{1}{2}AU_{\Omega m}U_{cm}[\cos(\omega_c + \Omega)t + \cos(\omega_c - \Omega)t]$$

通过边带滤波器后,就可得到上边带或下边带。

下边带信号

$$u_{\text{SSBL}}(t) = \frac{1}{2}AU_{\Omega m}U_{cm}\cos(\omega_c - \Omega)t$$

上边带信号

$$u_{\text{SSBH}}(t) = \frac{1}{2}AU_{\Omega m}U_{cm}\cos(\omega_c + \Omega)t$$

从以上两式看出,SSB 信号的振幅与调制信号振幅 $U_{\Omega m}$ 成正比。它的频率随调制信号的频率不同而不同。

3) 实验电路

本实验采用集成模拟乘法器 MC1496 来构成调幅器,图 2.13 为 MC1496 芯片内部电路图,它是四象限模拟乘法器的基本电路,电路采用了两组差动对由 $Q_1 \sim Q_4$ 组成,以反极性方式连接,而且两组差分对的恒流源又组成一对差分电路,即 Q_5 与 Q_6,因此恒流源的控制压可正可负,以此实现了四象限工作。D、Q_7、Q_8 为差动放大器 Q_5、Q_6 的恒流源。进行调幅时,载波信号加在 $Q_1 \sim Q_4$ 的输入端,即 ⑧、⑩引脚之间;调制信号加在差放大器 Q_5、Q_6 的输入端,即 ①、④引脚之间,②、③引脚外接 1kΩ 电阻,以扩大制信号动态范围,已调制信号取自双差动放大器的两集电极(即 ⑥、⑫引脚之间)输出。用 1496 集成电路构成的调幅器电路图如图 2.14 所示,图中 Rp5002 用来调节 ①、④引脚之间的平衡,Rp5001 用来调节 ⑧、⑩引脚之间的平衡,三极管 V5001 为射极跟随器,以提高调幅器带负载的能力。

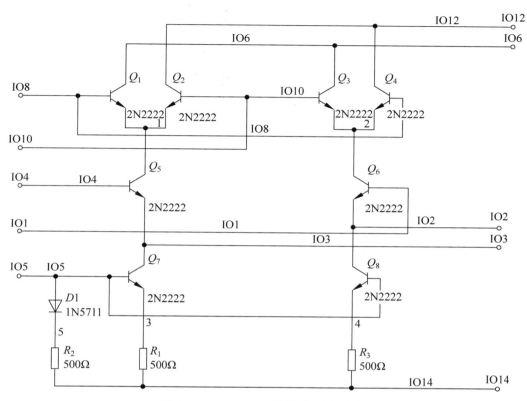

图 2.13 MC1496 芯片内部电路图

4. 实验内容及步骤

基于模拟乘法器的低电平振幅调制实验电路如图 2.14 所示。

1）直流调制特性的测量

载波输入端平衡调节：在调制信号输入端 $P5002$ 加入峰值为 $100\mathrm{mV}$，频率为 $1\mathrm{kHz}$ 的正弦信号，调节 $R\mathrm{p}5001$ 电位器使输出端信号最小，然后去掉输入信号。

在载波输入端 $P5001$ 加峰值为 $15\mathrm{mV}$，频率为 $100\mathrm{kHz}$ 的正弦信号，用万用表测量 A、B 之间的电压 V_{AB}，用示波器观察 OUT 输出端的波形，以 $V_{AB}=0.1\mathrm{V}$ 为步长，记录 $R\mathrm{p}5002$ 由一端调至另一端的输出波形及其峰值电压，注意观察相位变化，根据公式 $V_O = KV_{AB}V_C(t)$ 计算出系数 K 值，并填入表 2.6 中。整理实验数据，用坐标纸画出直流调制特性曲线。

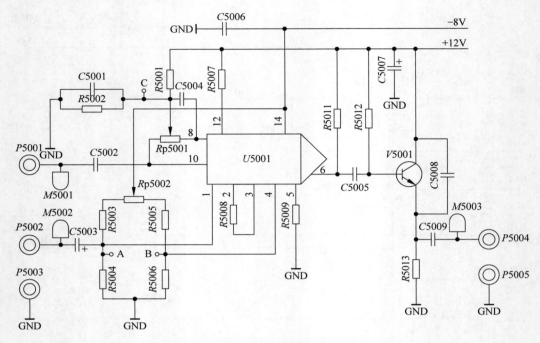

图 2.14   MC1496 构成的调幅器

表 2.6   直流调制特性测量

V_{AB}								
$V_{O(P-P)}$								
K								

2）实现全载波调幅

① 调节 $Rp5002$ 使 $V_{AB}=0.1V$，载波信号仍为 $V_C(t)=15\sin2\pi\times100\times10^3t(mV)$，将低频信号 $V_S(t)=V_S\sin2\pi\times10^3t(mV)$ 加至调制器输入端 $P5002$，画出 $V_S=30mV$ 和 $100mV$ 时的调幅波形（标明峰-峰值与谷-谷值）并测出其调制度 m。

② 调制信号 $V_S(t)$ 不变，载波信号为 $V_C(t)=15\sin2\pi\times100\times10^3t(mV)$，调节 $Rp5002$ 观察输出波形 $V_{AM}(t)$ 的变化情况，记录 $m=30\%$ 和 $m=100\%$ 调幅波所对应的 V_{AB} 值。

③ 载波信号 $V_C(t)$ 不变，将调制信号改为方波，幅值为 $100mV$，观察记录 $V_{AB}=0V,0.1V,0.15V$ 时的已调波。

3）实现抑制载波调幅

① 调 Rp5002 使调制端平衡,并在载波信号输入端 IN_1 加 $V_c(t) = 15\sin2\pi \times 105t(mV)$ 信号,调制信号端 IN_2 不加信号,观察并记录输出端波形。

② 载波输入端不变,调制信号输入端 IN_2 加 $V_S(t) = 100\sin2\pi \times 10^3 t(mV)$ 信号,观察记录波形,并标明峰-峰值(P-P)电压。

③ 加大示波器扫描速率,观察记录已调波在零点附近波形,比较它与 $m = 100\%$ 调幅波的区别。

④ 所加载波信号和调制信号均不变,微调 Rp5001 为某一个值,观察记录输出波形。在④的条件下,去掉载波信号,观察并记录输出波形,并与调制信号比较。

当载波信号改为 10.7MHz 时,同样可以完成②、③的实验,但必须加大信号幅值,即改载波信号 $V_c(t) = 30\sin2\pi \times 10.7 \times 10^6 t(mV)$。得到一个 10.7MHz 为载波信号的调幅波,此信号可与 G2N 模块联合构成低电平调幅波发射机。

5. 实验报告要求

① 按照标准格式撰写实验报告。
② 画出调制信号、载波信号、调幅波的波形。
③ 整理测量数据,计算调幅指数,比较调幅指数的理论值与测量值。
④ 总结心得体会。

6. 问题与思考

① 当改变 V_{AB} 时能得到几种调幅波形,分析其原因。
② 比较 100% 调幅波形及抑制载波带调幅波形二者的区别。
③ 分析实现抑制载波调幅时,改变 Rp5001 后的输出波形的变化现象。

2.6　高电平振幅调制器

1. 实验目的

① 通过实验加深对于高电平调幅器的理解。
② 熟悉并掌握基极调幅和集电极调幅器的调整方法。

③ 掌握调幅系数的测量方法。

2. 实验仪器设备

➤ 双踪示波器

➤ 高频信号发生器

➤ TPE-GP5 高频通用实验平台

➤ G1N 模块,G2N 模块

➤ 数字万用表

3. 实验原理

在无线电发送中,振幅调制的方法按功率电平的高低分为高电平调幅电路和低电平调幅电路两大类。而普通调幅波的产生多用高电平调幅电路,其优点是不需要采用效率低的线性放大器,有利于提高整机效率。但其必须兼顾输出功率、效率和调幅线性的要求。

高电平调幅电路是以调谐功率放大器为基础构成的,实际上它是一个输出电压振幅受调制信号控制的调谐功率放大器。根据调制信号注入调幅器的方式不同,分为基极调幅、发射极调幅和集电极调幅三种。

1)基级调幅电路

基级调幅电路如图 2.15 所示。由图可见,高频载波信号 u_ω 通过高频变压器 T_1 加到晶体管基极回路,低频调制信号 u_Ω 通过低频变压器 T_2 加到晶体管基极回路,C_b 为高频旁路电容,用来为载波信号提供通路。

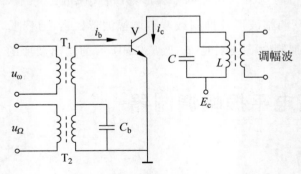

图 2.15 基级调幅电路

在调制过程中,调制信号 u_Ω 相当于一个缓慢变化的偏压(因为反偏压 $E_b=0$,否则综合偏压应是 E_b+u_Ω),使放大器的集电极脉冲电流的最大值 i_{cmax} 和导通角 θ 按调制信号的大小而变化。在 u_Ω 往正向增大时,i_{cmax} 和 θ 增大;在 u_Ω 往反向减少时,i_{cmax} 和 θ 减少,故输出电压幅值正好反映调制信号的波形。晶体管的集电极电流 i_c 波形和调谐回路输出的电压波形如图 2.16 所示,将集电极谐振回路调谐在载频 f_c 上,那么放大器的输出端便获得调幅波。

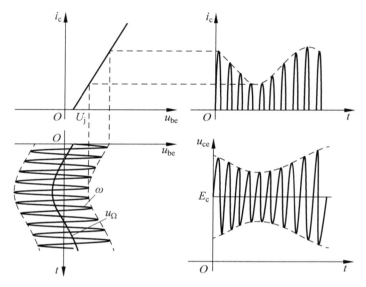

图 2.16 基级调幅波形图

2)集电极调幅电路

集电极调幅电原理图如图 2.17 所示。

所谓集电极调幅,就是用调制信号来改变高频功率放大器的集电极直流电源电压,以实现调幅。载波信号由基极加入,而调制信号加在集电极。由于调制信号与电源 E_c 串联在一起,故可将二者合在一起看作一个随调制信号变化的综合集电极电源电压 E_{cc}。

$$E_{cc}=E_c+u_\Omega=E_c+U_\Omega m\cos\Omega_t=E_c(1+m_a\cos\Omega_t)$$

$$m_a=\frac{U_{\Omega m}}{E_c}$$

式中,E_c 为集电极固定电源电压,m_a 为调幅度。

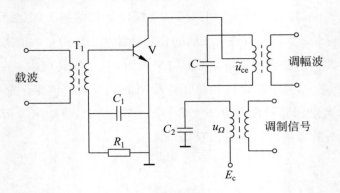

图 2.17　集电极调幅电原理图

在调制过程中,E_b 和载波保持不变,只是集电极等效电压 E_{cc} 随调制信号而变。放大器工作在过压区,集电极电流为凹陷脉冲。其基波分量随 E_{cc} 的变化近似线性变化,同样集电极谐振回路两端的高频电压也随 E_{cc} 的变化近似线性变化,即受调制电压的控制,从而完成了集电极调幅。

高频载波信号 u_∞ 仍从基极加入,而调制信号 u_Ω 加在集电极。R_1C_1 是基极自给偏压环节。调制信号 u_Ω 与 E_c 串接在一起,故可将二者合在一起看作一个缓慢变化的综合电源 $E_{cc}(E_{cc}=E_c+u_\Omega)$。所以,集电极调制电路就是一个具有缓慢变化电源的调谐放大器。

在调制过程中,集电极电流脉冲的高度和凹陷程度均随 u_Ω 的变化而变化,则 I_{C1M} 也随之变化,从而实现了调幅作用。经过调谐回路的滤波作用,在放大器输出端即可获得已调波信号。

集电极调幅 $\tilde{u}_{ce}$(集电极槽路交流电压),i_c,i_b,E_b 的波形如图 2.18 所示。

图 2.18(a)表示综合电源电压 E_{cc} 及集电极电压 $\tilde{u}_{ce}$ 的波形。由图可见,E_{cc} 和谐振回路电压幅值 U_{cm} 都随调制信号而变化,U_m 的包络线反映了调制信号的波形变化。E_{cc} 和 U_{cm} 之差为晶体管饱和压降 u_{ces}。

图 2.18(b)表示 i_c 脉冲的波形。由于放大器在载波状态时工作在过压状态,i_c 脉冲中心下凹。E_{cc} 越小,过压越深,脉冲下凹越甚;E_{cc} 越大,过压程度下降,脉冲下凹减轻。一般适当控制 E_{cc} 到最大时,将放大器调整到临界状态工作,i_c 脉冲不下凹。

图 2.18(c)表示 i_b 脉冲的波形。它的幅值变化规律刚好与 i_c 相反,过压越深,u_{cemin} 越小,输入特性曲线($i_b\text{-}u_{be}$ 的关系曲线)左移越多,i_b 脉冲越大。

图 2.18(b)、(c)中还绘出了 I_{c0} 和 I_{b0} 随 E_{cc} 变化的曲线,它们分别为相应电流的周期平均值。

图 2.18(d)绘出了基流偏压 E_b 随 E_{cc} 变化的曲线,因为 $E_b = I_{b0}R_1$,所以 E_b 的变化规律与 I_{b0} 相同。

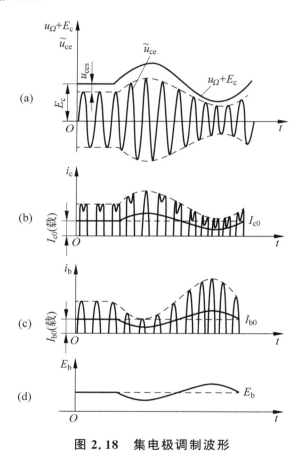

图 2.18 集电极调制波形

完整的实验电路如图 2.19 所示。在 $J3003$ 端子用短路环短接①、②引脚,在 $J3002$ 端子分别用短路环短接①、②引脚和短接③、④引脚。

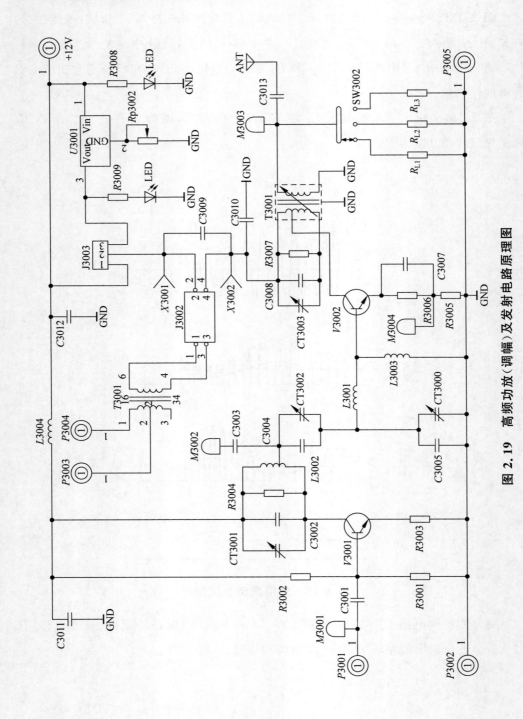

图 2.19 高频功放（调幅）及发射电路原理图

4. 实验内容与步骤

① 按照实验丙类高频谐振功率放大器的要求调整好高频功放电路,使其在 12V 电源条件下,负载电阻为 75Ω 时,工作在临界状态下。

② 将 $J3003$ 的短路环跳接在②、③引脚,接通 6~9V 可调电源,调整 $Rp3002$,使电源电压为 6V。

③ 用短路环将 $J3002$ 的①、②引脚和③、④引脚分别短接,使低频调制信号($f_\Omega=1\text{kHz}$)加至 V_Ω 输入端,在输出端 $M3003$ 处观察输出波形,逐渐加大 V_Ω 的幅度可得到调幅度近似等于 1 的调幅波形。

④ 将电源电压调整为 9V,将低频调制信号调整为 $4.2V_{\text{P-P}}$ 左右,由于音频变压器的变压比大约为 1.41,所以实际加至集电极回路的音频电压为 $6V_{\text{P-P}}$($U_{\Omega\text{m}}=3V$),用包络法测量调幅度,并与计算值进行比较。

⑤ 测量电参数变化对调幅度 m_a 的影响。

保持音频调制频率 $\Omega=1\text{kHz}$,测出 $m_\text{a}\sim U_\Omega$ 曲线。

保持调制电压 $U_{\Omega\text{m}}=3V$ 不变,测出 $m_\text{a}\sim\Omega$ 曲线。

调幅度计算公式,$m_\text{a}=\dfrac{U_{\Omega\text{m}}}{E_\text{c}}$。

5. 问题与思考

① 集电极调幅为什么必须工作在过压状态? 本实验是如何保证其工作在过压状态的?

② 对于集电极调幅电路,应该如何选管?

③ 设计基极调幅器应工作在什么状态? 为什么?

2.7　调幅波信号的解调实验

1. 实验目的

① 进一步理解调幅波的解调原理,掌握 AM、DSB 调幅波的解调方法。

② 了解二极管包络检波的主要指标,检波效率及波形失真。

③ 掌握用集成电路实现同步检波的方法。

④ 了解调幅波解调电路输出端低通滤波器解调性能的影响。

2. 实验仪器设备

➢ 双踪示波器

➢ 高频信号发生器

➢ 万用表

➢ TPE-GP5 高频通用实验平台

➢ G3N 模块,G6N 模块

3. 实验原理

调幅波的解调即是从调幅信号中取出调制信号的过程,通常称为检波。调幅波解调的解调电路主要有二极管包络检波器和同步检波器。

2.7.1　二极管包络(峰值)检波器

适合解调含有较大载波分量的大信号的检波过程,它具有电路简单,易于实现的特点。

大信号检波和二极管整流的过程相同。图 2.20 表明了大信号检波的工作原理。输入信号 $u_i(t)$ 为正并超过 C 和 R_L 上的 $u_o(t)$ 时,二极管导通,信号通过二极管向 C 充电,此时 $u_o(t)$ 随充电电压上升而升高。当 $u_i(t)$ 下降且小于 $u_o(t)$ 时,二极管反向截止,此时停止向 C 充电,$u_o(t)$ 通过 R_L 放电,$u_o(t)$ 随放电而下降。

充电时,二极管的正向电阻 r_D 较小,充电较快,$u_o(t)$ 以接近 $u_i(t)$ 的上升速率升高。放电时,因电阻 R_L 比 r_D 大得多(通常 $R_L = 5\sim10\text{k}\Omega$),放电慢,故 $u_o(t)$ 的波动小,并保证基本上接近于 $u_i(t)$ 的幅值。

如果 $u_i(t)$ 是高频等幅波,则 $u_o(t)$ 是大小为 U_o 的直流电压(忽略了少量的高频成分),这正是带有滤波电容的整流电路。

当输入信号 $u_i(t)$ 的幅度增大或减小时,检波器输出电压 $u_o(t)$ 也将随之近似成比例地升高或降低。当输入信号为调幅波时,检波器输出电压 $u_o(t)$ 就随着调幅波的包络线而变化,从而获得调制信号,完成检波作用。由于输出电压 $u_o(t)$ 的大小与输入电压的峰值接近相等,故把这种检波器称为峰值包络检波器。

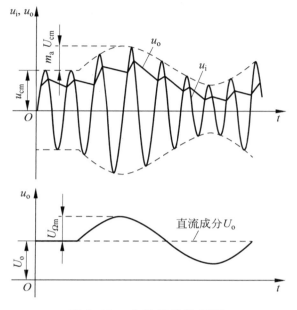

图 2.20 大信号检波原理

本实验如图 2.21 所示,主要由二极管 D5101 及 RC 低通滤波器组成,它利用二极管的单向导电特性和检波负载 RC 的充放电过程实现检波。所以 RC 时间常数的选择很重要,RC 时间常数过大,则会产生对角切割失真。RC 时间常数过小,高频分量会滤不干净。

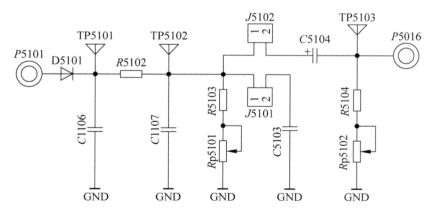

图 2.21 二极管包络检波器

综合考虑,要求满足下式:

$$\frac{1}{f_0} << RC << \frac{\sqrt{1-m^2}}{\Omega_m}$$

式中,m 为调幅系数,f_0 为载波频率,Ω_m 为调制信号角频率。

图 2.21 中,$D5101$ 是检波二极管,$R5102$、$C1106$、$C1107$ 滤掉残余的高频分量,$R5103$ 和 $Rp5101$ 是可调检波直流负载,$C5104$、$R5104$、$Rp5102$ 是可调检波交流负载,改变 $Rp5101$ 和 $Rp5102$ 可观察负载对检波效率和波形的影响。

2.7.2 同步检波器

由于集成电路的发展,在广播接收机、电视接收机电路中,多采用模拟乘法器来完成普通调幅波同步解调,电路原理图如图 2.22 所示。

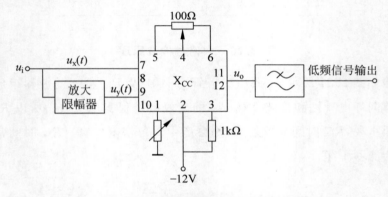

图 2.22 普通调幅波的同步解调

由图可知,调幅波直接接入 X_{CC} ⑦、⑧引脚。同时,由调幅波中取出载频并把它放大、限幅使之成为矩形开关信号,接入⑨、⑩引脚,这时模拟乘法器的输出为

$$u_o = AU_{cm}(1+m_a\cos\Omega t)\cos\omega_c t \times k_1(\omega_c t)$$

式中,A 是乘积增益,$k_1(\omega_c t)$ 是矩形开关信号的傅里叶级数展开式。将 $k_1(\omega_c t)$ 表达式代入上式,得

$$u_o = \frac{1}{2}AU_{cm}(1+m_a\cos\Omega t)\cos\omega_c t \left[1+\sum_{n=1}^{\infty}(-1)^{n+1}\frac{4}{(2n-1)\pi}\cos(2n-1)\omega_c t\right]$$

当 $n=1$ 时,则

$$u_o = \frac{1}{2} A U_{cm} (1 + m_a \cos\Omega t) \cos\omega_c t \times \left(1 + \frac{4}{\pi} \cos\omega_c t\right)$$

$$= \frac{2 A U_{cm}}{\pi} (1 + m_a \cos\Omega t) \left(\frac{1}{2} + \frac{1}{2} \cos 2\omega_c t\right) + \frac{1}{2} A U_{cm} (1 + m_a \cos\Omega t) \cos\omega_c t$$

$$= \underbrace{\frac{A U_{cm}}{\pi} (1 + m_a \cos\Omega t)}_{\text{直流及低频分量}} + \underbrace{\frac{A U_{cm}}{\pi} (1 + m_a \cos\Omega t) \left(\cos 2\omega_c t + \frac{\pi}{2} \cos\omega_c t\right)}_{\text{高频分量}}$$

用低通滤波器即可取出低频分量。由于低频幅值正比于已调波包络变化的幅值 $m_a U_{cm}$，所以是线性检波，不会引起包络失真。即便输入信号小到几十毫伏数量级，仍不会产生包络失真，而且没有载波输出，这对保证中频系统的频率响应特性和稳定工作十分有利。

利用一个和调幅信号的载波同频同相的载波信号与调幅波相乘，再通过低通滤波器滤除高频分量而获得调制信号。本实验电路如图 2.23 所示，采用 MC1496 集成电路构成解调器，载波信号 V_C 经过电容 $C5010$ 加在 ⑧、⑩ 引脚之间，调幅信号 V_{AM} 经电容 $C5011$ 加在 ①、④ 引脚之间，相乘后信号由 ⑫ 引脚输出，经 $C5013$、$C5014$、$R5020$ 组成的低通滤波器，在解调输出端，提取调制信号。

1. 实验内容及步骤

二极管包络检波器实验电路如图 2.21 所示。本实验的实验步骤涉及 G3N 和 G6N 模块，因此，首先把两个模块插装到实验区的两个相邻位置。

1）用二极管包络检波器解调全载波调幅信号

① 调幅波 $m < 30\%$ 的检波接通 G3N 模块上乘法器调幅电路和宽带放大器与集中选择滤波器的电源。载波信号仍为 $V_C(t) = 10\sin 2\pi \times 10^5 (t)$ (mV) 调节调制信号幅度，按调幅实验中实验内容 2(1) 的条件获得调制度 $m < 30\%$ 的调幅波，并将它加至宽带放大器信号输入端，由 $P5013$ 处观察放大后的调幅波（确定放大器工作正常），再把放大后的信号接入 G6N 模块上的二极管包络检波器的输入端（$P5101$ 处），在 $TP5102$ 处观察解调输出信号，调节 Rp5101 改变直流负载，观测二极管直流负载改变对检波幅度和波形的影响，记录此时的波形。

② 适当加大调制信号幅度，重复上述方法，观察记录检波输出波形。

③ 接入 $C5103$，重复①、②方法，观察记录检波输出波形。

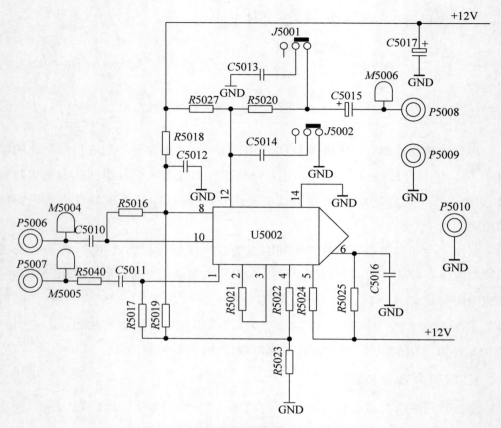

图 2.23   MC1496 构成的同步解调器

④ 去掉 $C5103$，$Rp5101$ 旋至适当位置（使在 TP5102 处的波形刚刚不出现对角线失真的位置），短接 $J5102$，在 $P5016$ 处观察解调输出信号，调节 $Rp5102$ 改变交流负载，观测二极管交流负载对检波幅度和波形的影响，记录检波输出波形。

⑤ 载波信号改为 $V_C(t) = 20\sin 2\pi \times 10.7 \times 10^6(t)(\text{mV})$，按调幅实验中实验内容的①条件获得调制度 $m < 30\%$ 的调幅波，并将它加至宽带放大器信号输入端，短接 $J5003$，由 $P5014$ 处观察放大后的调幅波（确定放大器工作正常），重复上述过程。

2）用二极管包络检波器解调抑制载波的双边带调幅信号

载波信号不变，将调制信号 VS 的峰值电压调至 80mV，调节 $Rp5002$ 使调制器输出为抑制载波的双边带调幅信号，然后加至二极管包络检波器输入端，断开 $J5101$ 和 $J5102$，在 TP5102 处观察记录检波输出波形，并与调制信号相比较。

3）用同步检波器解调普通调幅波信号

① 电路图 2.23 中的 $J5001$ 和 $J5002$，使滤波电容 $C5013$ 和 $C5014$ 接入电路。

② 按 2.5 节低电平振幅调制器实验中实验内容的条件获得调制度分别为 30%，100% 及大于 100% 的调幅波。将它们依次加至同步检波器的输入端 $P5007$，并在解调器的载波输入端 $P5006$ 加上与调幅信号相同的载波信号，在输出端 $P5008$ 处观察，分别记录解调输出波形，并与调制信号相比。

③ 断开 $J5001$、$J5002$，观察记录 $m = 30\%$ 的调幅波输入时的解调器输出波形，并与调制信号相比较。然后使电路复原。

4）用同步检波器解调抑制载波的双边带调幅信号

① 按 2.5 节低电平振幅调制器实验中实验内容的条件获得抑制载波调幅波，并加至同步检波器的输入端 $P5007$，载波信号维持不变，分别短接 $J5001$、$J5002$，观察记录解调输出波形，并与调制信号相比较。

② 断开 $J5001$、$J5002$，观察记录输出波形。

③ 载波信号改为 $V_c(t) = 20\sin 2\pi \times 10.7 \times 10^6 (t)$（mV），按调幅实验中实验内容 2(1) 的条件获得调幅波，并将它加至宽带放大器信号输入端，短接 $J5003$，由 $P5014$ 处观察放大后的调幅波（确定放大器工作正常），再接入解调器，重复上述步骤。通过一系列两种检波器实验，将实验结果整理在表 2.7 内。

表 2.7 调幅波的解调输出

输入的调幅波形	$m < 30\%$	$m = 100\%$	抑制载波调幅波
二极管包络检波器输出			
同步检波输出			

2. 实验报告要求

① 按照标准格式撰写实验报告。

② 画出二极管检波器并联 $C5103$ 前后的检波输出波形，并进行比较，分析影响波形差异的原因。

③ 分别说明普通调幅波和抑制载波调幅波用二极管包络检波器和同步检波器二种检波结果的异同及原因。

④ 在同一张坐标纸上画出同步检波器解调 AM、DSB 调幅波时,去掉低通滤波器中的 $C5103$、$C5104$ 前后各是什么波形? 二者为什么会不同?

3. 问题与思考

① 二极管包络检波对二极管的性能指标有哪些要求?

② 对于 DSB 调幅波是否能够采用二极管包络检波器进行检波?

③ 如果检波二极管的极性接反,对检波输出有何影响?

④ 对于同步检波器,如果参考信号与载波信号不同频或不同相,会出现什么问题?

⑤ 对于 AM 调幅波的检波,采用二极管包络检波与同步检波哪一种方法更好? 两种方法对 AM 信号的要求有何差异?

2.8 变容二极管调频振荡器实验

1. 实验目的

① 加深理解频率调制的原理。

② 掌握变容二极管调频器电路的构成及工作原理。

③ 了解调频器调制特性及测量方法。

④ 观察寄生调幅现象,了解其产生原因及消除方法。

2. 实验仪器设备

➢ 双踪示波器

➢ 频率计

➢ 万用表

➢ TPE-GP5 高频通用实验平台

➢ G4N 实验模块

3. 实验原理

1) 变容二极管

变容二极管是利用半导体 PN 结的结电容随外加反向电压的变化而变化的这

一特性所制的一种半导体二极管。它是一种电压控制可变电抗元件。

变容二极管的符号如图 2.24(a)所示,图 2.24(b)是其串联和并联的等效电路,其中 C_d 代表二极管的电容,$R_串$ 或 $R_并$ 代表串联或并联的等效损耗电阻。由于二极管正常工作于反向状态,其损耗很小,故 $R_并$ 很大而 $R_串$ 很小。

变容二极管与普通二极管相比,所不同的是在反向电压作用下的结电容变化较大。

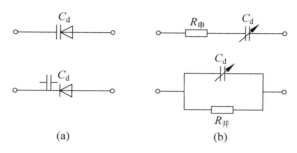

图 2.24 变容二极管符号及等效电路

变容二极管的电容 C 随着所加的反向偏压 U 而变化。图 2.25 是我们用 C-V 特性测试仪对 2CC13C 变容二极管进行实测所绘制的 C-U 特性曲线。由图 2.25 可知,反偏压越大,则电容越小。这种特性可表示为

$$C = A(U - U')^{-n}$$

式中,A 为常数,它决定于变容二极管所用半导体的介电常数、杂质浓度和结的类型;U' 为 PN 结的势垒电压,一般在 0.7V 左右;U 为外加反偏压;n 为电容变化系数,它的数值决定于结的类型,对于缓变结有 $n \approx 1/3$;突变结有 $n \approx 1/2$;超突变结有 $n > 1/2$;n 是变容二极管的主要参数之一。n 值越大,电容变化量随偏压变化越显著。电容的品质因数为 $Q = \dfrac{1}{\omega CR}$。

2)变容管调频原理

变容二极管的调频原理可用图 2.26 说明。由变容二极管的电容 C 和电感 L 组成 LC 振荡器的谐振电路,其谐振频率近似为 $f = \dfrac{1}{2\pi\sqrt{LC}}$。在变容二极管上加一固定的反向直流偏压 $U_偏$ 和调制电压 u_Ω(图 2.24(a)),则变容二极管电容量 C 将随 u_Ω 变化而改变,通过二极管的变容特性(图 2.24(b))可以找出电容随时间的

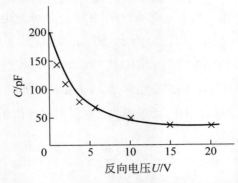

图 2.25   2CC13C 变容二极管的变容特性

变化曲线(图 2.25)。此电容 C 由两部分组成,一部分是 C_0,为固定值;另一部分是 $C_m\cos\Omega t$,为变化值,C_m 是变化部分的幅度,则有

$$C = C_0 + C_m\cos\Omega t$$

将 C 代入 f 的公式,得

$$f = \cfrac{1}{2\pi\sqrt{L(C_0 + C_m\cos\Omega t)}}$$

$$= \cfrac{1}{2\pi\sqrt{LC_0\left(1 + \dfrac{C_m}{C_0}\cos\Omega t\right)}}$$

在 $\dfrac{C_m}{C_0}\ll 1$ 的条件下,将上式用二项式定理展开,并略去平方项以上各项,可得

$$f = \frac{1}{2\pi\sqrt{LC}}\left[1 - \frac{1}{2}\times\frac{C_m}{C_0}\cos\Omega t + \frac{3}{8}\left(\frac{C_m}{C_0}\right)^2\cos^2\Omega t + \cdots\right]$$

$$\approx f_c\left(1 - \frac{1}{2}\times\frac{C_m}{C_0}\cos\Omega t\right)$$

$$= f_c - \frac{1}{2}f_c\frac{C_m}{C_0}\cos\Omega t$$

$$= f_c + \Delta f$$

式中,

$$\Delta f = -\frac{1}{2}f_c\frac{C_m}{C_0}\cos\Omega t$$

f_c 是 $C_m = 0$ 时由 L 和固定电容 C_0 所决定的谐振频率,称为中心频率(即载频),$f_c = \dfrac{1}{2\pi\sqrt{LC}}$。$\Delta f$ 是频率的变化部分,而 $\dfrac{1}{2}f_c\dfrac{C_m}{C_0}$ 是变化部分的幅值,称为频

偏。式中的负号表示当回路电容增加时,频率是减小的。

由以上分析可知,因为变容二极管势垒电容随反向偏压而变,如果将变容二极管接在谐振回路两端,使反向偏压受调制信号所控制,这时回路电容有一部分按正弦规律变化,必然引起振荡频率作相应的变化,它以 f_c 为中心做上下偏移,其偏移大小(频偏)与电容变化最大值 C_m 成比例。所以回路的振荡频率是随调制信号变化的,这就是变容二极管调频的基本原理。

从图 2.25 可以看出,由于 C-u 和 C-f 两条曲线并不是成正比的,最后得到的 f-t 曲线形状将不与 u_Ω-t 曲线完全一致,这就意味着调制失真,失真的程度不仅与变容二极管的变容特性有关,而且还决定于调制电压的大小。显然,调制电压越大,则失真越大。为了减小失真,调制电压不宜过大,但也不宜太小,因为太小则频移太小。实际上应兼顾二者,一般取调制电压比偏压小一半多,即

$$\frac{U_{\Omega m}}{U_{偏}} \leqslant 0.5$$

变容管相当于一只压控电容,其结电容随所加的反向偏压而变化。当变容管两端同时加有直流反向偏压和调制信号时,其结电容将在直流偏压所设定的电容基础上随调制信号的变化而变化,由于变容管的结电容是回路电容的一部分,所以振荡器的振荡频率必然随着调制信号而变化,从而实现了调频。

变容二极管结电容 C_j 与外加偏压的关系为

$$C_j = C_0 \left(1 + \frac{u}{V_D}\right)^{-\gamma}$$

式中,C_0 为变容管零偏时的结电容,V_D 为 PN 结的势垒电位差,γ 为电容变化指数。设加在变容管两端电压 $u = V_Q + U_\Omega \sin\Omega t$,代入上式经简化后得

$$C_j = C_{j0}(1 + m_c \sin\Omega t)^{-\gamma}$$

式中,

$$C_{j0} = \frac{C_0 V_D^\gamma}{(V_D + V_Q)^\gamma}$$

表示 $u = V_Q$ 时的电容量,即无调制时的电容量。

3)实验电路简介

变容二极管调频实验电路的原理如图 2.26 所示。

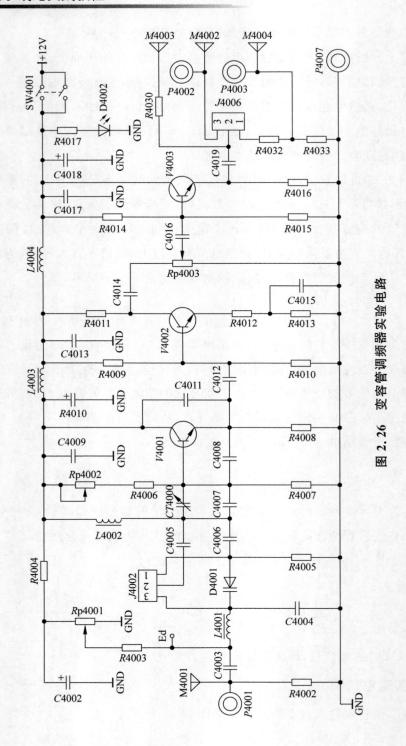

图 2.26　变容管调频器实验电路

在图 2.26 中，$V4001$、$C4012$、$C4008$、$C4006$、$C4007$、$D4001$ 以及电感 $L4002$ 构成了调频器的主振级，电路采用了西勒电容三点式振荡形式。其交流等效电路如图 2.27 所示，其直流偏置电路如图 2.28 所示。由图可见，变容二极管的结电容以部分接入的形式纳入在回路中。

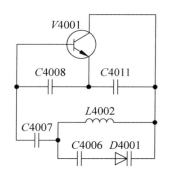

图 2.27　主振级交流等效电路图

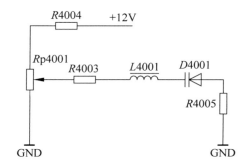

图 2.28　变容二极管直流偏置电路

回路总电容为

$$C_\Sigma = \cfrac{1}{\cfrac{1}{C_7}+\cfrac{1}{C_8}+\cfrac{1}{C_{11}}} + \cfrac{1}{\cfrac{1}{C_6}+\cfrac{1}{C_j}} = C + \frac{C_6 C_j}{C_6 + C_j}$$

式中，C 为 $C4007$、$C4008$、$C4011$ 的串联等效电容（式中缩写为 C_7、C_8、C_{11} 等）。

回路振荡频率为

$$f = \frac{1}{2\pi\sqrt{LC_\Sigma}} = \frac{1}{2\pi\sqrt{L\left(C+\dfrac{C_6 C_j}{C_6 + C_j}\right)}}$$

当回路电容有微量变化时，振荡频率的变化为

$$\frac{\Delta f}{f_0} = -\frac{1}{2}\frac{\Delta C_\Sigma}{C_\Sigma}$$

无调制时，回路电容为

$$C_\Sigma = C + \frac{C_6 C_{j0}}{C_6 + C_{j0}}$$

有调制时，回路电容为

$$C'_\Sigma = C + \frac{C_6 C_j}{C_6 + C_{j0}}$$

变容二极管结电容接入系数为 $P_c = \dfrac{C_6}{C_6 + C_{j0}}$，变容二极管的直流偏置电路，如图 2.28 所示。

本实验电路中还设置了跳线端子 $J4002$，当其②、③引脚被短路环短接时，该电路的振荡频率大约为 6.45MHz，该信号可用于二次变频的实验中。该电路的调整不在此处赘述。

4. 实验内容及步骤

取出 G4N 实验模块，并将其正确固定在 TPE-GP5 通用实验平台的实验区上，接通实验平台的总电源，然后按下本次实验单元电路的电源开关按钮（SW4001），发光二极管发光，表示电源已接通。

1）电路调整

① 用短路环将 $J4006$ 的②、③引脚（上端）短路，将示波器探头接在电路输出端（$M4002$）以观察波形，在 $M4003$ 处接频率计。

② 输入端不接音频信号，$J4002$ 保持开路状态，调整电位器 $Rp4001$，使 $Ed = 4V$。调整调整电位器 $Rp4003$，使输出波形幅值最大。调整电位器 $Rp4002$ 使输出幅度大约为 $1.5V_{P-P}$，频率 $f = 10.7\text{MHz}$，若频率偏离较远，可微调电感 $L4002$ 或者可变电容 $CT4000$（此后不要再调整）。

2）静态调制特性测量

输入端不接音频信号，$J4002$ 保持开路状态，重新调节电位器 $Rp4001$，使 Ed 在 $0.5 \sim 8.5V$ 内变化，将对应的频率填入表中。将 $J4002$ 的①、②引脚短路，使 $C4005$（150pF）接入回路中，重复上述步骤，测量结果如表 2.8 所示。在坐标纸上，画出静态调制特性曲线，并求出其调制灵敏度 S。

表 2.8　静态调制特性测量

Ed(V)		0.5	1	2	3	4	5	6	7	8	8.5
f_0（MHz）	$J4002$ 开路										
	$J4002$ ①、②引脚短路										

动态测试(需利用相位鉴频器作辅助测试)。

重要提示:为进行动态测试,必须首先完成鉴频器的实验内容,并利用其实验结果,即相应的 S 曲线。详见 2.9 节相位鉴频器实验内容及步骤一节中"用高频信号发生器逐点测出鉴频特性"。

$J4002$ 保持开路状态,调 $Rp4001$ 使 $Ed=4V$ 时,调 $Rp4002$ 使 $f_0=10.7\text{MHz}$,自 IN 端口输入频率 $f=1\text{kHz}$、$V_{\text{P-P}}=0.5V$ 的音频信号 V_m,输出端接至相位鉴频器的输入端,用示波器观察解调输出正弦波的波形,并记录输出幅值,将其与测量得出的 S 曲线相比较,计算出所对应的中心频率与上下频偏。将音频信号 $V_{\text{P-P}}$ 分别改为 $0.8V$、$1V$,重复以上步骤。将实验所得数据填入表格(表格自拟),记下调制电压幅度与调制波上下频偏的关系,核算中心频率附近动态调制灵敏度即曲线斜率 S。

$$S = \frac{\Delta f}{\Delta V}\bigg|_{f=10.7\text{MHz}}$$

在同一张坐标纸上,画出动态调制特性曲线将动态调制灵敏度与静态调试特性相比较。

5. 实验报告要求

① 按照标准格式撰写实验报告。
② 整理实验数据,比较调频实验波形和理论波形。
③ 在坐标纸上画出静态调制特性曲线,求出调制灵敏度 S。
④ 在坐标纸上画出动态调制特性曲线,比较与静态调制特性有何异同?

6. 问题与思考

① 说明静态调试特性曲线斜率受哪些因素的影响?
② 说明动态调制输出波形畸变的原因。
③ 直接调频和间接调频的实现方法各有什么优缺点?

2.9 相位鉴频器实验

1. 实验目的

① 了解相位鉴频器具有鉴频灵敏度高,解调线性好等优点。
② 熟悉相位鉴频电路的基本工作原理。
③ 了解鉴频特性曲线(S 曲线)的正确调整方法和测量方法。

④ 进一步了解调频和解调全过程调试方法。

2. 实验仪器设备

➤ 双踪示波器

➤ 高频信号发生器

➤ 扫频仪

➤ 万用表

➤ TPE-GP5 高频通用实验平台

➤ G4N 实验模块

3. 实验原理

1）电容耦合双调谐相位鉴频器原理

图 2.29 是电容耦合相位鉴频器实验电路的原理图,图 2.30 是相位鉴频器简化图。

晶体管 $V4004$、$V4005$ 与 $C4025$、$L4005$、$CT4001$ 等元件组成限幅放大器,以提高相位鉴频器输入电压和抑制寄生调幅对解调输出的影响。

如图 2.30 所示,V_1 是限幅放大器的输出电压。L_5,$CT4001$,L_7,$CT4002$ 通过 $CT4003$ 组成电容耦合双调谐电路,L_5、$CT4001$ 等为初级回路,L_7、$CT4002$ 等为次级回路。由于 $C_7 \gg CT4003$,所以 C_7 主要起隔直流的作用,它使放大器输出电压 V_1 加到线圈 L_7 的中间抽头与地之间和电阻 $R4020$ 的两端。V_1 通过 C_{T3} 产生流过次级的电流 I,它在 L_7 两端感应出电压 V_2。于是加到二极管两端的高频电压由两部分组成,即 $R4020$ 上的电压和 L_7 感应的一半电压的矢量和:

$$\dot{V}_{d1} = \dot{V}_{R4020} + \frac{\dot{V}_2}{2}$$

$$\dot{V}_{d2} = \dot{V}_{R4020} + \frac{\dot{V}_2}{2}$$

而它们检波输出的电压 V_{O1} 和 V_{O2} 分别与 V_{d1}、V_{d2} 成正比,即

$$V_{O1} = \eta V_{d1} \quad V_{O2} = \eta V_{d2}$$

鉴频器的输出电压为 $V_O = V_{O1} - V_{O2}$。

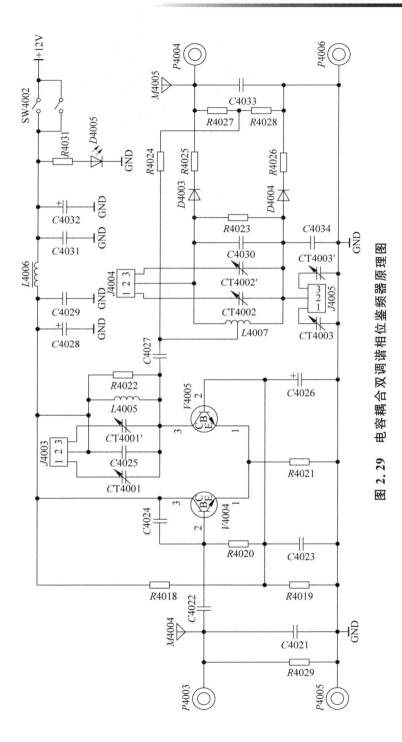

图 2.29 电容耦合双调谐相位鉴频器原理图

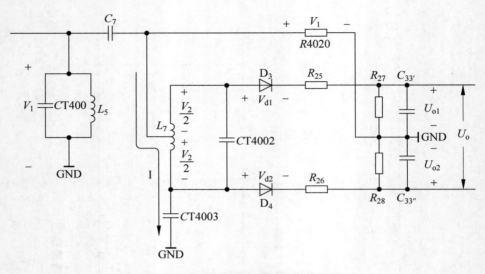

图 2.30 相位鉴频器简化原理图

由于 C_{T3} 的容量很小,其容抗远大于 L_7、C_{T2} 回路的并联谐振电阻,故 I 可看作一个不随谐振电路阻抗变化的电流源,即 $\dot{I} = \mathrm{j}\omega C_{T3}\dot{V}_1$ 其相位超前于 $\dot{V}_1$ 相位 $90°$,如图 2.31 所示,而 L_7 两端感应的电压 $\dot{V}_2$ 的相位视谐振电路的情况有如下几种状态:

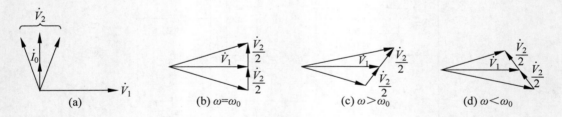

图 2.31 感应的电压的相位

当 $\omega = \omega_0$ 时,回路谐振,$\dot{V}_2$ 超前 $\dot{I}_0$ 相位 $90°$,则

$$V_{01} = V_{02} V_0 = 0$$

当 $\omega > \omega_0$ 时,回路并联阻抗呈容性,$\dot{V}_2$ 滞后于 $\dot{I}_0$ 某个角度,则

$$V_{01} > V_{02} V_0 > 0$$

当 $\omega < \omega_0$ 时,回路并联阻抗呈感性,$\dot{V}_2$ 超前 $\dot{I}_0$ 某个角度,则

$$V_{01} < V_{02} V_0 < 0$$

上述关系用曲线表示,则成 S 型,S 曲线表示了鉴频特性。

2)实验电路简介

本电路中,两个谐振回路的谐振电容和两回路间的耦合电容分别由两组电容构成,一组设置在电路板的正面,另一组则设置在电路板的背面。正面一组电容($CT4001$、$CT4002$ 和 $CT4003$)提供给实验者调整电路使用,而背面的一组($CT4001'$、$CT4002'$和 $CT4003'$)提供给实验者参考。两组电容的切换由三个跳线端子 $J4003$、$J4004$ 和 $J4005$ 作适当连接完成。

4. 实验内容及步骤

① 实验电路如图 2.29 所示,取出 G4N 实验模块,并将其正确固定在 TPE-GP5 通用实验平台的实验区上,接通实验平台的总电源,然后按下本次实验单元电路的电源开关按钮(SW4002),发光二极管发光,表示电源已接通。

② 用扫频仪调整鉴频器的鉴频特性,用短路环使跳线端子 $J4003$、$J4004$ 和 $J4005$ 的各自的①、②引脚短接,以使正面一组电容($CT4001$、$CT4002$ 和 $CT4003$)接入电路。将扫频仪输出探头接至 $M4004$,其输出信号不宜过大,一般用 30dB 衰减器。Y 输入使用开路探头(双夹子电缆线),接至 $M4005$ 观察鉴频特性曲线。适当调整 $CT4001$,以使 S 曲线上下对称;调整 $CT4002$ 使曲线中心为 10.7MHz;调 $CT4003$ 可使中心点附近线性度最佳。调好后,记录上、下二峰点频率和二峰点高度格数,即 $f_{\max}$、$f_{\min}$、V_{m}、V_{n},鉴频器的鉴频特性如图 2.32 所示。

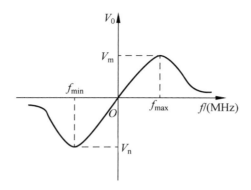

图 2.32 鉴频特性曲线

③ 用高频信号发生器逐点测出鉴频特性,用短路环使跳线端子 $J4003$、$J4004$ 和 $J4005$ 的各自的②、③引脚短路,以使背面一组电容($CT4001'$、$CT4002'$ 和 $CT4003'$)接入电路。输入信号改接高频信号发生器,输入电压约为 50mV,用万用表测鉴频器的输出电压,在 9.7~11.7MHz 以每格 0.1MHz 条件下测得相应的输出电压,并填入表格(表格形式自拟)。找出 S 曲线零点频率 f_0、正负两极点频率 f_{max}、f_{min} 及其 V_M、V_N。鉴频曲线的灵敏度可用以下公式计算 $S = \dfrac{\Delta V_0}{\Delta f}\bigg|_{f_0 = 10.7\text{MHz}}$。再将正面一组电容($CT4001$、$CT4002$ 和 $CT4003$)接入电路,重复以上步骤。根据以上数据,在坐标纸上逐点描绘出两条频率——电压 S 曲线,并与扫频仪观察结果相比较。

④ 观察回路电容 $CT4001$、$CT4002$ 和耦合电容 $CT4003$ 对 S 曲线的影响。调整电容 $CT4002$ 对鉴频特性的影响。记下 $CT4002 > CT4002\text{-}0$ 或 $CT4002 < CT4002\text{-}0$ 的变化并与 $CT4002 = CT4002\text{-}0$ 的曲线比较,再将 $CT4002$ 调至 $CT4002\text{-}0$ 正常位置($CT4002\text{-}0$ 表示回路谐振时的电容量)。调 $CT4001$ 重复实验步骤①。调 $CT4003$ 至较小的位置,微调 $CT4001$、$CT4002$ 的 S 曲线,记下曲线中点及上下两峰的频率(f_0、f_{min}、f_{max})和二点高度格数 V_m、V_n,再调 $CT4003$ 到最大,重新调 S 曲线为最佳,记录 f_0'、f_{min}、f_{max} 和 V_m'、V_n' 的值。

定义:峰点带宽 $BW = f_{max} - f_{min}$;曲线斜率 $S = (V_m - V_n)/BW$;比较 $CT4003$ 最大、最小时的 BW 和 S。

⑤ 将调频电路与鉴频电路连接,将调频电路的中心频率调为 10.7MHz,鉴频器中心频率也调谐在 10.7MHz,调频输出信号送入鉴频器输入端,将 $f = 1\text{kHz}$,$V_m = 400\text{mV}$ 的音频调制信号加至调频电路输入端进行调频。用双踪示波器同时观测调制信号和解调信号,比较二者的异同,如输出波形不理想可调鉴频器 C_{T1}、C_{T2}、C_{T3}。将音频信号加大至 $V_m = 800\text{mV}$、1000mV,观察波形变化,分析原因。画出调频输入和鉴频输出的波形,指出其特点。

5. 实验报告要求

① 按照标准格式撰写实验报告。

② 整理实验数据,总结调频波的鉴频过程。

③ 画出鉴频特性曲线。

④ 画出调频输入和鉴频输出的波形图,并进行比较。

6. 问题与思考

① 分析 LC 回路参数对鉴频特性的影响。

② 分析鉴频输出波形失真的原因。

③ 分析在调频电路和鉴频电路联机实验中遇到的问题及解决办法。

④ 如果相位鉴频器的两个检波二极管极性接反,对鉴频性能有何影响?

2.10　晶体管混频电路

1. 实验目的

① 了解调幅接收机的工作原理及组成。

② 加深对混频概念的认识。

2. 实验仪表设备

➢ 双踪示波器

➢ 高频信号发生器

➢ 万用表

➢ TPE-GP5 高频通用实验平台

➢ G5N、G1N、G3N 实验模块

3. 实验原理

混频原理如图 2.33 所示,由非线性元件、本机振动器、中频滤波器等组成。混频电路是超外差接收机的重要组成部分,它的作用是将载频为 f_C 的已调信号 $u_S(t)$ 不失真地变换成载频为 f_1 的已调信号 $u_1(t)$(固定中频),其电路框图如 2.34 所示。它是将输入调幅信号 $u_S(t)$ 与本振信号(高频等幅信号)$u_L(t)$ 同时加到变频器,经频率变换后通过滤波器,输出中频调幅信号 $u_1(t)$,$u_1(t)$ 与 $u_S(t)$ 载波振幅的包络形状完全相同,唯一的差别是信号载波频率 f_C 变换成中频频率 f_1。

变频的作用是将信号频率自高频搬移到中频,也是信号搬移过程。其变频前后的频谱图如图 2.33 所示。由图可知,经过变频后将原来输入的高频调幅信号,

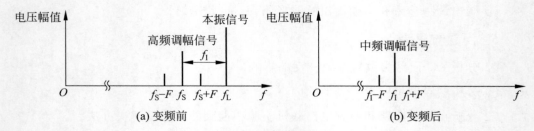

图 2.33 变频前后的频谱图

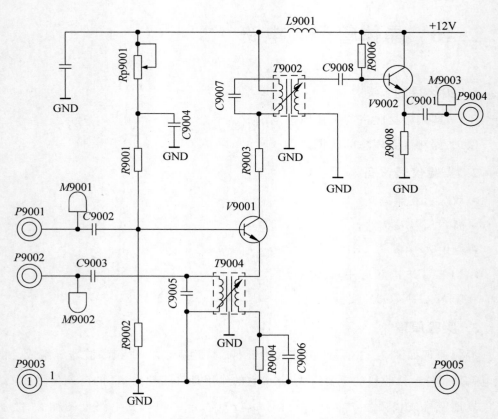

图 2.34 晶体管混频电路

在输出端变换为中频调幅信号,二者相比较只是把调幅信号的频率从高频位置移到了中频位置,而各频谱分量的相对大小和相互间距离保持一致。

值得注意的是高频调幅信号的上边频变成中频调幅信号的下边频,而高频调幅信号的下边频变成中频调幅信号的上边频。

其原因是变频后,输出信号中频 f_1 与输入信号频率 f_S 和本振信号频率 f_L 之间的关系为

$$f_1 = f_L - f_S$$

而 $f_L - (f_S + F) = f_L - f_S - F = f_1 - F$,可知,输入信号的上边频经混频后变成中频调幅信号的下边频。由 $f_L - (f_S - F) = f_L - f_S + F = f_1 + F$ 可知,输入信号的下边频经混频后变成中频调幅信号的上边频。

下面对变频原理进行数学分析。

如果在非线性元件上同时加上等幅的高频信号电压 $u_L(t)$ 和输入信号电压 $u(t)$,则会产生具有新频率的电流成分。由于变频管工作在输入特性曲线的弯曲段,其电流可采用幂级数来表示,即

$$i = a_0 + a_1 \Delta u + a_2 (\Delta u)^2 + \cdots \tag{1}$$

式中,

$$\Delta u = u_S(t) + u_L(t) = U_{Sm}\cos\omega_S t + U_{Lm}\cos\omega_L t$$

对式(1)近似取前三项,则

$$i = a_0 + a_1 [u_S(t) + u_L(t)] + a_2 [u_S(t) + u_L(t)]^2$$

$$= a_0 + a_1 (U_{Sm}\cos\omega_S t + U_{Lm}\cos\omega_L t) + a_2 (U_{Sm}\cos\omega_S t + U_{Lm}\cos\omega_L t)^2$$

$$= a_0 + a_1 (U_{Sm}\cos\omega_S t + U_{Lm}\cos\omega_L t) + \frac{a_2}{2}(U_{Sm}^2 + U_{Lm}^2)$$

$$+ \frac{a_2}{2}(U_{Sm}^2\cos 2\omega_S t + U_{Lm}^2\cos 2\omega_L t)$$

$$+ a_2 U_{Sm}U_{Lm}[\cos(\omega_S + \omega_L)t + \cos(\omega_S - \omega_L)t]$$

从以上分析知,由于电路元件的伏安特性包含有平方项,在 $u_S(t)$,$u_L(t)$ 同时作用下,电流便产生了新的频率成分,它包含:

差频分量,$\omega_S - \omega_L$;

和频分量,$\omega_S + \omega_L$;

谐波分量,$2\omega_S$,$2\omega_L$。

其中,差频分量 $\omega_S - \omega_L$ 就是所要求的中频成分 ω_1,通过中频滤波器就可将差频分量取出,而将其他频率成分滤除,这种变频器称为下变频器。若用选择性电路将和频分量选择出来,则这种变频器称为上变频器。

混频器有很多种电路形式,在高质量的通信接收机中常采用二极管环形混频器和双差分对混频器,而在一般的广播接收中则通常采用晶体管混频器。本实验电路采用的是晶体三极管混频电路,本振信号由晶体振荡器产生,其频率为 17.155MHz,混频后成生的中频信号频率为 6.455MHz。晶体管混频器实际电路如图 2.34 所示,本振电路如图 2.35 所示。

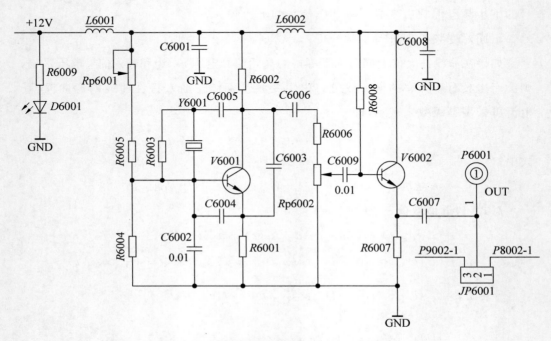

图 2.35　本振电路(17.155MHz)

本振电路中设置了跳线端子 $J6001$,当其①、②引脚被短路环短接时,本地振荡信号就会由 $P8002$ 通过 $C8002$ 加至 $U8001$(1496)的⑩引脚,其频率为 17.155MHz。信号电压由 $P8001$ 通过 $C8001$ 加至 $U8001$(1496)的①引脚,⑥引脚输出经 π 形带通路波器在 $P8004$ 得到中频信号(6.455MHz)。

4. 实验内容及步骤

1)实验模块的紧固与连接

取出 G5N 实验模块,并将其正确固定在 TPE-GP5 通用实验箱的实验区上。

2）本振电路的调整

接通实验平台总电源,并在 G5N 模块上找到"本振电路",按下该电路的电源按键,此时该电路的电源指示灯发光,表示电源已接通。用示波器在电路输出处观察波形,此时 JP6001 应保持开路状态。调整 Rp6001 和 Rp6002,使输出电压大约为 $800\text{mV}_{\text{P-P}}$(频率为 17.155MHz)备用。

3）信号电压的调整

按下 TPE-GP5 的高频信号发生器的电源开关,电源指示灯发光。信号发生器的工作模式选择为点频模式,波形选择为正弦波,按下 30dB 衰减,调整输出幅度和频率,使输出信号调整为 $f_s=10.7\text{MHz}$,$U_0=200\text{mV}$。

4）晶体管混频电路的调整

工作点初步调整:暂不接入信号,用万用表测量 V9001 发射极电压,调整 Rp9001,使该点电压为 $0.3\sim0.5\text{V}$。短接跳线端子 J6001 的 2、3 端,使本振信号加至 V9001 的发射极。将高频信号 f_s 加至 P9001 端(M9001 端),在输出端会得到 6.455MHz 的中频电压。调整中周变压器 T9002 和发射极耦合变压器 T9004,使输出幅值最大。将高频信号源的输出信号调整为调幅波,调制度大约在 30%,在 P9004 端(输出端)可以得到频率为 6.455MHz 的包络信号,此时要仔细调整 Rp9001 电位器就会得到比较理想的包络信号。一般不需要再调整中周变压器。

用相关模块电路的调整方法(G1N、G3N、G5N 模块):

① 将 G1N、G3N、G5N 模块固定在实验区的适当位置。

② 按照低电平调幅实验指导书中所述的实验步骤,以 G1N 上晶体振荡器的输出($f=10.7\text{MHz}$)为载频,以频率为 1kHz 低频信号为调制信号,使乘法器调幅器输出调幅度大约为 30% 的调幅波。其幅值不大于 $200\text{mV}_{\text{P-P}}$。

③将乘法器调幅器的输出(P5004)连接到 P9001(晶体管混频器的输入),本振信号维持不变,在混频器的输出端(P9004)可得到一频率为 6.455MHz 的调幅包络信号。记录实验结果。

④ 整理测量数据和结果,画出波形图。

注:调整过程须仔细,不要过度调整中周变压器 T9002 的磁帽和 T9004 的磁芯,以免损坏。

5. 问题与思考

① 分析如果输入信号 f_S 的频率为 23.610MHz,会产生什么样的结果?

② 为什么晶体管混频器的混频增益与本振电压的幅值和集电极静态电流有关?

③ 晶体管混频电路,本振信号采用基极注入与射极注入各有什么要求?

④ 晶体管混频电路,混频器采用共基、共射电路各有什么优缺点?

2.11 集成乘法器混频电路

1. 实验目的

① 熟悉集成电路实现的混频器的工作原理。

② 了解混频器的多种类型及构成。

③ 了解混频器中的寄生干扰。

2. 实验仪器设备

➤ 双踪示波器

➤ 高频信号发生器(TPE-GP5 高频通用实验平台可不用)

➤ 频率计(选择嵌入式频率计的用户可不用)

➤ TPE-GP5 高频通用实验平台

➤ G5N、G1N、G3N 实验模块

3. 实验原理

混频器按工作原理可分为两大类,即叠加型混频和乘积型混频。叠加型混频原理是先将信号电压和本振电压叠加,再作用于非线性器件的混频。后面的晶体管混频器即是如此。而乘积型混频是将信号电压和本振电压通过模拟乘法器直接相乘。本实验采用 MC1496 集成模拟乘法器构成乘积型混频器,方框图如图 2.36所示,实际变频电路如图 2.37 所示,与本次实验相关的本振电路如图 2.35 所示。

设信号电压为

$$u_S = U_{sm}\cos\omega_s t$$

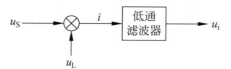

图 2.36 集成乘积型混频电路方框图

本振信号为

$$u_{\text{L}} = U_{\text{Lm}}\cos\omega_{\text{L}}t$$

则模拟乘法器的输出电流为

$$i = Ku_{\text{S}}u_{\text{L}} = KU_{\text{sm}}U_{\text{Lm}}\cos\omega_{\text{s}}t\cos\omega_{\text{L}}t$$

$$= \frac{1}{2}KU_{\text{sm}}U_{\text{Lm}}\left[\cos(\omega_{\text{L}}+\omega_{\text{s}})t + \cos(\omega_{\text{L}}-\omega_{\text{s}})t\right]$$

式中,K 为相乘增益,输出经过低通滤波器取出差频分量,即可获得中频输出信号。

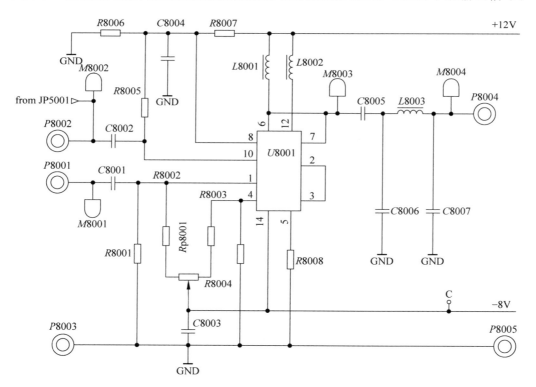

图 2.37 集成乘积型电路混频器

4. 实验内容及步骤

1) 中频信号的观测

实验模块的紧固与连接：取出 G5N 实验模块，并将其正确固定在 TPE-GP5 通用实验平台的实验区上。

本振电路的调整：①接通实验平台总电源，并在 G5N 模块上找到"本振电路"，按下该电路的电源按键，此时该电路的电源指示灯发光，表示电源已接通。②用示波器在电路输出处观察波形，此时，JP6001 应保持开路状态。调整 $Rp6001$ 和 $Rp6002$，使输出电压大约为 $80mV_{P-P}$（频率为 17.155MHz），然后短接 $J6001$ 的 1、2 端，使本振信号加至 $U8001$（MC1496）的 10 端。

信号电压的调整：以 TPE-GP5 为例，其他信号源也可参照。①按下 TPE-GP5 的高频信号发生器的电源开关，电源指示灯发光。②信号发生器的工作模式选择为点频模式，波形选择为正弦波，按下 30dB 衰减，调整输出幅度和频率，使输出信号调整为 $f=10.7MHz$，$U_0=200mV$。

中频信号的观测：将该信号加至 G5N 模块上的 $P8001$ 处，即乘法器的另一输入端（1 端）。用示波器在混频电路的输出端（$M8004$）观察输出波形（中频），可适当调节 $Rp8001$ 和 $L8003$ 使输出波形最大，失真最小。根据示波器时基扫描周期，读出中频信号频率。也可以用频率计在 $M8003$ 处直接测量。

2) 调幅波混频的观测

将信号发生器的工作模式选择仍为点频模式，波形选择为调幅波，载波频率为 10.7MHz，调制信号频率为 1kHz，调幅度大约为 30%，输出幅值大约为 $200mV_{P-P}$。将该信号接至 $P8001$ 处。本振信号维持不变，在混频器的输出端（$P8004$）可得到第一中频调幅包络信号。记录实验结果。

3) 调频波混频的观测

将信号发生器的工作模式选择为调频模式，波形选择为正弦波，载波频率为 10.7MHz，调制信号频率为 1kHz，适当调整频偏（约 3.5kHz），输出幅值大约为 200mV。将该信号接至 $P8001$ 处。本振信号维持不变，在混频器的输出端（$P8004$）可得到第一中频调频信号。记录实验结果。根据观测的结果，画出波形图。

4）用相关模块电路的调整方法（G1N、G3N、G5N 模块）

将 G1N、G3N、G5N 模块固定在实验区的适当位置。按照低电平调幅实验指导书中所述的实验步骤，以 G1N 上晶体振荡器的输出（$f = 10.7\text{MHz}$）为载频，以频率为 1kHz 低频信号为调制信号，使乘法器调幅器输出调幅度大约为 30% 的调幅波。其幅值不大于 $200\text{mV}_{\text{P-P}}$。将乘法器调幅器的输出（$P5004$）连接到 $P8001$（混频器的输入），本振信号维持不变，在混频器的输出端（$P8004$）可得到一频率为 6.455MHz 的调幅包络信号。记录实验结果。

5）实验注意事项

测量时应用双踪同时观察本振-载波，载波-中频，以便比较。本实验用到 2.3 节（LC 与晶体振荡器实验）输出信号。因此，在进行本实验前必须调整好实验的输出，使之满足本实验的要求。

5. 实验报告要求

① 根据个人理解，叙述信号混频的过程。

② 整理实验数据、分析使用结果。

③ 画出混频输出波形图，与输入波形进行比较。

6. 问题与思考

① 讨论混频电路与振幅调制电路（本章 2.5 节实验）的共同点。

② 在接收机中引入混频器有什么重要意义？

第 3 章

CHAPTER 3

通信电子线路综合实验

　　本章所讲述的通信电子线路综合实验,突破传统通信电子线路实验只有单元电路实验的局限性,将第 2 章的单元电路有机地串联起来,把独立功能的单元电路构建成为具有系统功能的通信电子系统。

　　由低电平调幅电路、高频调谐功率放大及发射电路组成调幅波发射系统,由小信号调谐放大器、晶体振荡器、晶体管混频电路、中放及检波电路、低频功放电路等组成调幅波接收系统;由变容二极管调频电路、高频功率放大及发射电路组成调频发射系统,由小信号调谐放大器、乘法器混频电路、相位鉴频器、低频功放电路等组成调频接收系统。这样就把单元电路的独立功能相互联系起来,构成一个大的通信系统功能,让实验者认识调幅通信系统和调频通信系统的构成及工作原理,形成通信电子系统的概念;通过对通信系统的调试和性能测试,培养实验者系统的思维方式和解决复杂工程问题的能力。

　　作为通信电子系统的一个应用实例,以拓展实验者的视野,本章编排了基于超再生检波的遥控发射与接收系统。该遥控系统被广泛地应用于汽车遥控钥匙,电路并不复杂,很容易在实验室实现,可以作为试验箱以外的补充实验。

　　本章的通信电子线路综合实验要比第 2 章的单元电路实验复杂得多,建议两人以上为一组分工协作,每个小组成员承担各自的责任,与小组成员相互配合,共同完成通信系统的综合性实验。

3.1 振幅调制通信综合实验

1. 实验目的

① 掌握振幅调制通信系统的电路组成及工作原理。

② 建立调幅通信发射与接收的系统概念。

③ 掌握振幅调制通信系统的联机调整方法。

④ 培养分析和解决通信系统复杂工程问题的能力。

2. 实验仪器设备

➤ 高频信号发生器

➤ 数字频率计

➤ 双踪示波器

➤ 万用表

➤ TPE-GP3 高频电路实验箱

➤ G1N、G2N、G3N、G5N、G6N 实验模块

3. 实验原理

1）调幅发射系统

调幅发射系统框图如图 3.1 所示,由调制信号源(函数发生器)、载波信号源(晶体振荡电路)、乘法器调幅电路、高频功放及发射电路组成。

图 3.1 调幅发射系统框图

（1）振幅调制电路。

幅度调制就是载波的振幅受调制信号的控制作周期性的变化,即载波振幅变化与调制信号的振幅成正比,振幅变化的周期与调制信号周期相同。通常称高频信号为载波信号,低频信号为调制信号,调幅器即为产生调幅信号的电路装置。

本实验的载波信号由晶体振荡电路产生,如图 2.9 所示。属于并联晶体振荡器(皮尔斯振荡器),晶体在电路中呈感性、等效为电感;振荡频率介于晶体串联谐振频率与并联谐振频率之间,近似为晶体的标称频率(10.7MHz)。

振幅调制电路如图 2.14 所示,由集成模拟乘法器 MC1496 来完成,图 2.13 为 MC1496 芯片内部电路图,电路采用了两组差动对(由 V_1-V_4 组成),以反极性方式相连接,而且两组差分对的恒流源又组成一对差分电路,即 V_5 与 V_6,因此恒流源的控制电压可正可负。D、V_7、V_8 为差动放大器,V_5、V_6 的恒流源。

当电路进行调幅时,载波信号(频率为 10.7MHz)加在 $V_1 \sim V_4$ 的输入端,即 ⑧、⑩引脚之间;调制信号加在差动放大器 V_5、V_6 的输入端,即 ①、④引脚之间,②、③引脚外接 1kΩ 电阻,以扩大调制信号动态范围,已调制信号取自双差动放大器的两集电极(即⑥、⑫引脚之间)输出端。

图中 $R_{\mathrm{p}}5001$ 用来调节 ⑧、⑩引脚之间的平衡,即当有调制信号输入而没有载波信号输入时,调节 $R_{\mathrm{p}}5001$ 使调幅波产生电路的输出信号最小。图中 $R_{\mathrm{p}}5002$ 用来调节 ①、④引脚之间的平衡,通过调节 $R_{\mathrm{p}}5002$ 就可以调节普通调幅波的调制指数,当 $U_{\mathrm{AB}}=0\mathrm{V}$ 时可实现抑制载波双边带调幅。调幅波信号从 MC1496 的引脚输出,三极管 V5001 构成射极跟随器,以提高调幅电路的带负载能力。

(2) 调幅波的放大与发射电路。

调幅波的放大与发射电路如图 2.6 所示,用短路环短接跳线端子 $J3002$ 的②、④引脚和接跳线端子 $J3003$ 的①、②引脚,实验模块连接成调幅波放大及发射电路,集电极调制功能(被短路)失效,放大电路的电源为+12V。P3001 输入高频载波信号,V3001 为调幅波放大电路的推动级,采用 LC 调谐放大的电路形式,为末级功放电路提供足够的激励电压,$C3004$、$C3005$、$L3001$ 构成 T 型滤波器,$CT3000$ 和 $CT3002$ 可以微调滤波频率。V3002 构成丙类谐振功率放大电路,$R3006$、$C3007$ 以及 $L3003$ 等元件构成了自给负压偏置电路。ANT 为发射天线,在天线负载和功放电路集电极之间采用变压器耦合方式,以完成负载和集电极之间阻抗变换。

当谐振功率放大器集电极回路对于信号频率处于谐振状态时(此时集电极负载为纯电阻状态),集电极直流电流 I_{C0} 为最小,回路电压 U_{L} 最大。然而,由于晶体管在高频工作状态时,内部电容 C_{bc} 的反馈作用明显,上述 I_{C0} 最小、回路电压 U_{L} 最大的现象不会同时发生。因此,不单纯采用观察 I_{C0} 的方法,而采用同时观

察余弦脉冲电流 i_C 的方法,进行放大与发射电路的调试。当谐振放大器工作在欠压状态时,i_C 是尖顶脉冲;当谐振放大器工作在过压状态时,i_C 是凹顶脉冲;而当处于临界状态下工作时,i_C 是一平顶或微凹陷的脉冲。本电路的最佳负载为 75Ω。因此在进行电路调试时,也应以此负载为调试基础。

2)调幅接收系统

调幅接收系统框图如图 3.2 所示。

(1)调幅波信号接收与高频放大电路

调幅波信号的接收与高频放大电路如图 3.1 所示,接收天线连接至 $P2001$,$L2001$ 与 $C2007$、$CT2002$ 组成 LC 谐振回路,谐振频率为 10.7MHz,放大电路的输出端 $P2002$ 连接至变频电路。

(2)一次变频电路。

变频电路由本振电路和混频电路组成。本实验用如图 2.35 所示本振电路(也可以用高频信号发生器替代),产生 17.155MHz 正弦波信号。混频电路采用晶体管混频电路,如图 2.34 所示。由高频信号发生器产生的本振信号连接到图中混频电路的输入端 $P8002$,经过图 2.1 放大后的调幅波信号连接到混频电路的输入端 $P8001$,混频后生成的第 1 中频信号频率为 6.455MHz,$C8006$、$C8007$ 和 $L8003$ 组成中频滤波器。

(3)二次变频电路。

二次变频电路由集成芯片 MC3361 及其外围电路组成,MC3361 是单片窄带调频接收电路,主要应用于二次变频的通信设备中。MC3361 内部由振荡电路、混频电路、噪声开关电路等几部分组成。

参照实际实验电路,MC3361 芯片①、②引脚分别连接了 6MHz 石英晶体(Y7001)和反馈电容 $C7003$ 与 $C7004$,它们与内部三极管构成了典型的并联晶体振荡器,所产生的振荡信号在芯片内部被加到混频电路中。在芯片①引脚可观察到振荡信号。

(4)第 2 中频放大与检波电路。

调幅波的中放、检波电路如图 3.3 所示。用短路环短接跳线端子 $J1101$ 的②、③引脚,$V1101$ 组成中频放大器,$T1101$ 和 $C1104$ 组成选频调谐回路,谐振频率为 455kHz,放大后的中频信号以变压器耦合方式接到二极管检波电路。由 $D5101$ 和 $C5101$、$R5102$、$C5102$、$R5103$、R_p5101 等组成峰值检波电路。检波信号从 $P5102$ 输出,完成调幅信号的接收。

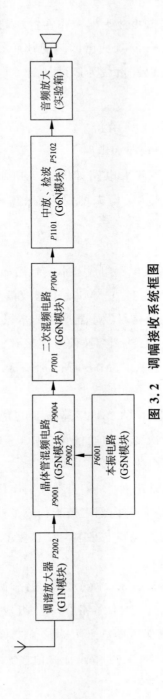

图 3.2 调幅接收系统框图

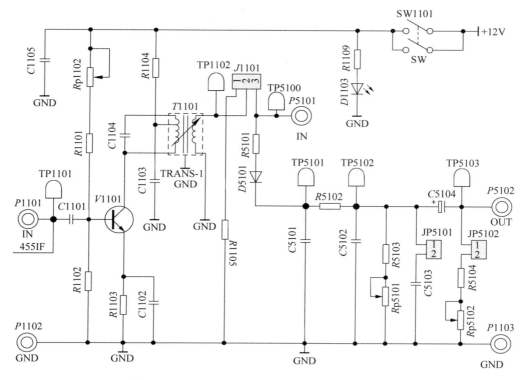

图 3.3　中放及检波电路原理图

4. 实验内容与步骤

1) 振幅调制的实现

（1）普通调幅波的产生。

载波由晶体振荡器产生,电路如图 2.9 所示。用短路环短接跳线端子 $J1001$,并使 $S1001$、$S1003$ 和 $S1004$ 开路,$S1002$ 作适当连接,使电路连接成晶体振荡器的形式。用示波器在 M1001 处测试其输出波形,调整 $Rp1001$ 和 $Rp1002$ 使振荡器稳定输出,幅度大约为 0.4V、频率为 10.7MHz。用导线将该信号连接到低电平调幅模块的 $P5001$。

普通调幅波的产生电路如图 2.14 所示,在调制信号输入端 $P5002$ 加入峰值为 100mV,频率为 1kHz 的正弦信号。在载波输入端设置平衡调节:在仅有调制信号输入时,调节 $Rp5001$ 电位器使输出端信号最小,然后去掉输入信号。

在载波输入端 $P5001$ 加峰值为 $15\mathrm{mV}$，频率为 $11.155\mathrm{MHz}$ 的正弦信号，用万用表测量 A、B 之间的电压 V_{AB}，调节 $Rp5002$ 使 $V_{AB}=0.1\mathrm{V}$，载波信号仍为 $V_C(t)=15\sin2\pi\times11.155\times10^6 t\,(\mathrm{mV})$，将低频信号 $V_S(t)=V_S\sin2\pi\times10^3 t\,(\mathrm{mV})$ 加至调制器输入端 $P5002$，画出 $V_S=30\mathrm{mV}$ 和 $100\mathrm{mV}$ 时的调幅波形（标明峰-峰值与谷-谷值）并测出其调幅度 m_a，微调调节 $Rp5002$ 可以获得不同的调幅度。

（2）抑制载波双边带调幅波的产生。

先进行载波输入端平衡调节：在调制信号输入端 $P5002$ 加入峰值为 $100\mathrm{mV}$，频率为 $1\mathrm{kHz}$ 的正弦信号，调节 $Rp5001$ 电位器使输出端信号最小，然后去掉调制输入信号。

调 $Rp5002$ 使调制信号输入端平衡，即 $V_{AB}=0\mathrm{V}$，并在载波信号输入端 IN1 加 $V_C(t)=30\sin2\pi\times10.7\times10^6 t\,(\mathrm{mV})$ 信号，调制信号端 IN_2 不加信号，观察输出端波形。

载波输入端不变，在调制信号输入端 IN_2 加 $V_S(t)=100\sin2\pi\times10^3 t\,(\mathrm{mV})$ 信号，观察记录波形是否为抑制载波双边带波形，如果不能得到抑制载波双边带波形，可能是没有调整到位，可以细微调节 $Rp5002$。

2）调幅波的功率放大与发射

（1）调幅波功放电路的调整。

调幅波功放电路如图 2.6 所示，按下高频功放电路的电源按键 SW3001，此时该电路的电源指示灯发光，表示电源已接通。用短路环分别短接跳线端子 $J3003$ 的①、②引脚和跳线端子 $J3002$ 的②、④引脚，使 $+12\mathrm{V}$ 电源直接接入 $V3002$ 的集电极。在 ANT 端子接上调幅波发射天线。

调幅波推动级的调整，将示波器 1 通道测试探头连接至 $M3001$，灵敏度置于 $0.2\mathrm{V/DIV}$ 挡（由于探头有 10 倍衰减，故实际相当于 $2\mathrm{V/DIV}$），用以监测推动级的输出电压波形。仔细调整 CT3001，使推动级的输出电压最大 $[(3.5\sim4)V_{P\text{-}P}]$。

调幅波丙类功率放大器的调整，将示波器 2 通道测试探头（衰减 10 倍，下同）连接至测试点 $M3003$ 处，灵敏度置于 $0.2\mathrm{V/DIV}$ 挡（由于探头有 10 倍衰减，故实际相当于 $2\mathrm{V/DIV}$），用以监测功放级的输出波形。将示波器 1 通道测试探头（衰减 10 倍，下同）改接至 $M3004$，灵敏度置于 $10\mathrm{mV/DIV}$ 或 $20\mathrm{mV/DIV}$ 挡，用以检测脉冲电流。

仔细调整 $CT3003$，使输出回路谐振，且实现负载到集电极间的阻抗转换。观察 $M3003$ 处的波形，应能得到失真最小的调幅波输出波形。同时观察 $M3004$ 处的波形，在调幅波的波腹处是否得到了一个临界状态的脉冲电流波形（略有轻微凹陷的波形）。若未能观察到临界状态的脉冲电流，则需要仔细调整 $CT3001$、$CT3002$ 和 $CT3000$，使功放级的输入达到较好的匹配状态，必要时还需适当地调整载波信号源的输出幅度，使得在调幅波的波腹期间丙类放大器工作在临界状态。

（2）集电极振幅调制（高电平调制）与调幅波发射。

本实验也可以采用集电极高电平振幅调制发射电路。这种电路结构不需要前述的载波振荡器和乘法器振幅调制电路。

在图 2.6 电路在 12V 电源条件下，将 $J3003$ 的短路环跳接在②、③引脚，接通 6～9V 可调电源，调整 $Rp3002$，使电源电压为 6V。

用短路环将 $J3002$ 的①、②引脚和③、④引脚分别短接，使低频调制信号 $(f_\Omega = 1\text{kHz})$ 加至 V_Ω 输入端，在输出端 M3 处观察输出波形，逐渐加大 V_Ω 的幅度可得到调幅度近似等于 1 的调幅波形。

将电源电压调整为 9V，将低频调制信号调整为 $4.2V_{\text{P-P}}$ 左右，由于音频变压器的变压比大约为 1.41，所以实际加至集电极回路的音频电压为 $6V_{\text{P-P}}(U_{\Omega m} = 3\text{V})$，用包络法测量调幅度，并与计算值进行比较。载波频率为 10.7MHz，调制信号频率为 1kHz，调幅度大约为 30%，输出幅值大约为 $200\text{mV}_{\text{P-P}}$。

3）调幅波的接收放大

将调幅波接收天线连接至图 2.1 所示 $P2001$ 端子，在该调谐放大电路进行放大，可以微调 $CT2002$，使得放大后输出信号最大。

4）调幅波的变频

（1）本振信号。

本实验用高频信号发生器或实验模块（图 2.35 所示）产生本振信号，频率为 17.155MHz，输出电压大约为 $80\text{mV}_{\text{P-P}}$。然后将本振信号连接至图 2.34 所示的混频器的 $P9002$ 端子（即 MC1496 的⑩引脚）。

(2) 调幅波信号。

将图 2.1 放大后的调幅波信号,接到如图 2.35 所示混频器的 $P9001$ 端子(即 MC1496 的①引脚)。调幅波输出信号频率为 $f=10.7\mathrm{MHz}$,$U_0=200\mathrm{mV}$。

(3) 调幅波信号变频为第 1 中频信号。

在如图 2.34 所示变频电路中,将本振信号连接至混频器的 $P9002$ 端子,将接收放大后的调幅波信号接到混频器的 $P9001$ 引脚。输出端则得到第 1 调频中频信号,中频频率为 455kHz,用示波器在混频电路的输出端($M9003$)观察输出中频信号波形,可适当调节 $T9002$ 使输出波形最大,失真最小。

(4) 调幅波二次变频电路。

调幅波二次变频由集成芯片 MC3361 及其外围电路组成,MC3361 是单片窄带调频接收电路,主要应用于二次变频的通信设备中。MC3361 内部由振荡电路、混频电路等几部分组成。MC3361 芯片①、②引脚分别连接了 6MHz 石英晶体 ($Y7001$)和反馈电容 $C7003$ 与 $C7004$,它们与内部三极管构成了典型的并联晶体振荡器,所产生的振荡信号在芯片内部被加到混频电路中。在芯片①引脚可观察到振荡信号,振荡频率为 6MHz。将 $J7004$ 的②、③引脚跨接,在 $P7004$ 端子得到 455kHz 的调幅第 2 中频信号输出。

5)调幅波的检波

① 在图 3.3 所示检波电路中,用短路环将跳线端子 $J1101$ 的①、②引脚短接,使直流负载 $R1105$ 接入电路中。

② 检波器直流工作点的调整:调整电位器 $Rp1102$,使晶体管 $V1101$ 发射极电压大约为 1.2V。

③ 将信号源的输出连接至中放电路的输入端($P1101$),调整信号源,使输出信号频率为 455kHz,幅值大约为 200mV。

④ 将示波器探头接至 TP1102,观测波形,调整中周变压器,使输出幅度最大,且波形不失真。

⑤ 将输入信号改为调幅波(调制度 30%,调制频率 1kHz),用短路环将跳线端子 $J1101$ 的②、③引脚短接,将示波器探头接至 TP5102 处,观测检波输出波形,并与调制信号相对照。

6）音频信号放大

用连接线将检波后的输出信号（音频）接至实验箱的音频放大器输入端，调整音量电位器，扬声器中就可还原出 1kHz 的音响。

5. 实验报告要求

① 阐述调幅通信系统的电路组成及工作原理。

② 整理实验数据、分析实验结果。

③ 画出实验测试波形，比较检波输出波形与调制输入信号波形；如有差异，分析其原因。

④ 总结系统调试过程中出现的问题及其解决办法。

6. 问题与思考

① 分析调幅通信系统中调幅波的检波灵敏度与哪些因素有关？

② 如果检波输出信号的信噪比较差应该如何调整？

③ 如果调制信号的幅值太大会出现什么现象？

3.2　频率调制通信综合实验

1. 实验目的

① 掌握频率调制通信系统的电路组成及工作原理。

② 建立调频通信发射与接收的系统概念。

③ 掌握频率调制通信系统的联机调试方法。

④ 培养分析和解决调频通信系统复杂工程问题的能力。

2. 实验仪器设备

➢ 高频信号发生器

➢ 频率计

➢ 双踪示波器

➢ 万用表

➢ 高频毫伏表

➤ TPE-GP3 高频电路实验箱

➤ 实验模块：G1N、G2N、G4N、G5N、G6N

3. 实验原理

1）调频发射系统

调频发射系统框图如图 3.4 所示，由函数发生器、变容二极管调频电路、高频功放及方式电路等组成。

图 3.4 调频发射系统框图

（1）变容二极管调频电路。

变容二极管调频电路如图 2.26 所示，变容二极管相当于一只压控电容器，其结电容随所加的反向偏压而变化。当变容二极管两端同时加有直流反向偏压和调制信号时，其结电容将在直流偏压所设定的电容基础上随调制信号的变化而变化，由于变容二极管的结电容是回路电容的一部分，所以振荡器的振荡频率必然随着调制信号而变化，从而实现了调频。

变容二极管调频电路的交流等效电路如图 2.27 所示，直流偏置电路如图 2.28 所示。

（2）调频波的放大与发射电路。

如图 2.6 所示调频波放大与发射电路，调频波信号从 $P3001$ 输入，$V3001$ 为推动级，采用 LC 调谐放大的电路形式，为末级功放电路提供足够的激励电压，$C3004$、$C3005$、$L3001$ 构成 T 型带通滤波器（中心频率 10.7MHZ），$CT3000$ 和 $CT3002$ 可以微调滤波频率。$V3002$ 构成丙类谐振功率放大电路，$R3006$、$C3007$ 以及 $L3003$ 等元件构成了自给负偏置电路。$R_{L1} \sim R_{L3}$ 为负载电阻，在负载电阻和功放电路集电极之间采用变压器耦合方式，以完成负载和集电极之间阻抗变换。利用跳线端子 SW3002 可以方便地把不同的负载电阻分别接入电路中，以完成负载特性的实验。在功放输出级电路中的跳线短路端子 $J3003$ 连接①、②引脚，接入

＋12V 电源；$J3002$ 连接②、④引脚,使集电极调制功能(被短路)失效。

当谐振功率放大器集电极回路对于信号频率处于谐振状态时(此时集电极负载为纯电阻状态),集电极直流电流 I_{C0} 为最小,回路电压 U_L 最大。然而,由于晶体管在高频工作状态时,内部电容 C_{bc} 的反馈作用明显,上述 I_{C0} 最小、回路电压 U_L 最大的现象不会同时发生。因此,不采用单纯观察 I_{C0} 的方法,而采用同时观察余弦脉冲电流 i_C 的方法,进行放大与发射电路的调试。当谐振放大器工作在欠压状态时,i_C 是尖顶脉冲;工作在过压状态时,i_C 是凹顶脉冲;而当处于临界状态下工作时,i_C 是一平顶或微凹陷的脉冲。这也正是高频谐振功率放大器的设计原则,即在最佳负载条件下,使功率放大器工作于临界状态,以获取最大的输出功率和较大工作效率。本电路的最佳负载为 75Ω。因此在进行电路调试时,也应以此负载为调试基础。

2)调频接收系统

调频接收系统框图如图 3.5 所示,由高频放大器、本振电路、一次变频电路、二次变频电路、鉴频电路等组成。

(1)调频波信号接收放大器电路。

调频波信号的接收、放大器电路如图 2.3 所示,接收天线连接至 $P2001$,$L2001$ 与 $C2007$、$CT2002$ 组成 LC 谐振回路,谐振频率为 10.7MHz,输出端 $P2002$ 连接至变频电路。

(2)一次变频电路。

一次变频电路由本振电路和混频电路组成,将频率为 10.7MHz 调频信号变为频率为 6.455MHz 的中频调频信号。本振电路如图 2.35 所示,这是一种并联晶体振荡(皮尔斯)电路,晶体在电路中等效为电感,振荡频率介于晶体的串联谐振频率与并联谐振频率之间,接近晶体的标称频率,产生 17.155MHz 正弦波信号,送到乘法器混频电路(图 2.37)的 $P8002$。

混频电路由模拟乘法器 MC1496 构成,如图 2.37 所示。由高频信号发生器产生的本振信号连接到图中混频电路的 $P8002$,调频波信号连接到混频电路的 $P8001$,混频后生成的中频信号频率为 6.455MHz,$C8006$、$C8007$ 和 $L8003$ 组成中频滤波器。

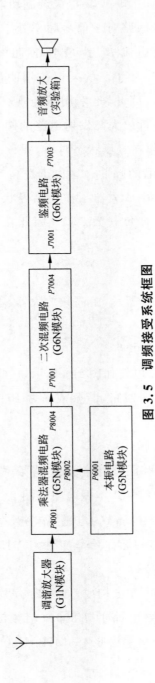

图 3.5　调频接受系统框图

（3）二次变频与鉴频电路。

二次变频与鉴频电路如图 3.6 所示，由集成芯片 MC3361 及其外围电路组成，MC3361 是单片窄带调频接收电路，主要应用于二次变频的通信设备中。MC3361 内部由振荡电路、混频电路、噪声开关电路等几部分组成。

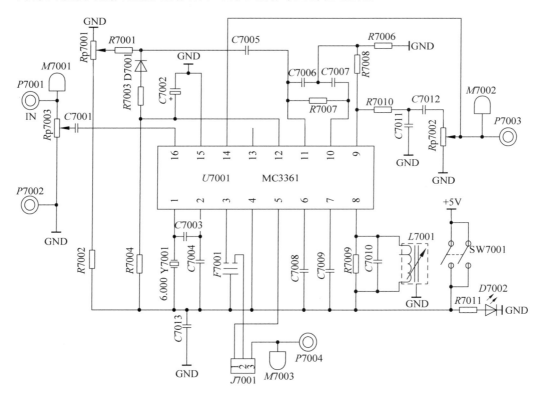

图 3.6　二次变频与鉴频电路

① 振荡电路。

参照实际实验电路，MC3361 芯片①引脚和②引脚分别连接了石英晶体（Y7001）和反馈电容 C7003 与 C7004，它们与内部三极管构成了典型的并联晶体振荡器，所产生的振荡信号在芯片内部被加到混频电路中。在芯片①引脚可观察到振荡信号。在典型应用中，其振荡频率为 10.245MHz。在本实验电路中，为适应前级中频信号的需要，实际振荡频率为 6MHz。

② 二次混频电路。

集成电路混频器大多是乘法器混频，第 1 中频 IF 输入信号从⑯引脚输入，在内部第 2 混频级进行混频,所产生的第 2 中频信号由③引脚输出。在本实验的实际电路中,由前级输入的第 1 中频 IF 信号频率为 6.455MHz,本振信号频率为 6MHz,其差频输出为 455kHz。

③ 鉴频电路。

MC3361 芯片采用了集成电路中最常用的正交鉴频电路。在⑧引脚外接了 $L7001$、$C7010$ 和 $R7009$,它们同芯片内部的电容元件构成了频-相转换网络,相位检波器采用乘积型鉴相器,其原理图如图 3.7 所示。当调频波经过转换网络时,会将调频波的瞬时频率变化规律变成附加的相位变化,形成调频-调相波,再经过乘法器解调,就会得到低频信号。

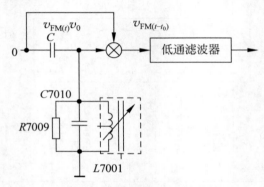

图 3.7　乘积型正交鉴频器

④ 静噪电路。

在本实验电路中,利用 MC3361 芯片内部提供的运算放大器以及相关的外围元件组成了一个带通有源滤波器和一个静噪开关电路,其主要作用是从鉴频输出中选出频率高于音频范围(6kHz 以上)的白噪声信号,进行放大、检波、滤波处理,得到一个直流电平,去控制静噪开关电路以保证在没有载波信号时输出为 0,从而达到静音目的。

参见图 3.7 实验原理图,当没有载波信号时,MC3361 鉴频后的音频噪声电压信号从⑨引脚输出,经 $R7008$ 送至⑩引脚,即带通(有源滤波)放大器的输入端,放大后噪声电压达到一定的幅值,由⑪引脚输出,经 $C7005$ 送至由 $C7002$、$D7001$、$R7003$ 组成的检波器,检波后得到一个直流电压。此电压由⑫引脚送至内部噪声开关电路,使输出电压为 0V。当接收机收到一定强度的载波信号时,噪声信号被抑制,经放大、鉴频在⑨引脚得到的是纯音频信号,此时静噪开关电路输出的直流电压升高,在电路输出端得到音频输出电压。

4. 实验内容与步骤

1) 频率调制的实现

(1) 调频波中心频率的调整。

在图 2.26 所示变容二极管调频电路中,用短路环将 $J4006$ 的②、③引脚(上端)短路,将示波器探头接在电路输出端($M4002$)以观察波形,在 $M4003$ 处接频率计。输入端不接音频信号,$J4002$ 保持开路状态,调整电位器 $Rp4001$,使 $Ed=4\mathrm{V}$。调整电位器 $Rp4003$,使输出波形幅值最大。调整电位器 $Rp4002$ 使输出幅度大约为 $1.5V_{\mathrm{P\text{-}P}}$,振荡频率(即调频波中心频率)$f=10.7\mathrm{MHz}$;若频率偏离较远,可微调电感 $L4002$ 或者可变电容 $CT4000$。

(2) 调频信号的实现。

在图 2.26 所示变容二极管调频电路中,$J4002$ 保持开路状态,在 $P4001$ 端口输入频率 $f=1\mathrm{kHz}$、$V_{\mathrm{P\text{-}P}}=0.5\mathrm{V}$ 的音频信号 V_{m},输出端接至如图 2.6 所示调频波功率放大与发射电路。

2) 调频波的放大与发射

在图 2.6 调频波功率放大语音发射电路中,按下高频功放电路的电源按键 $SW3001$,此时该电路的电源指示灯发光,表示电源已接通。用短路环分别短接跳线端子 $J3003$ 的①、②引脚和跳线端子 $J3002$ 的②、④引脚,使 $+12\mathrm{V}$ 电源直接接入 $V3002$ 的集电极。在 ANT 端子接发射天线。

(1) 推动级的调整。

将示波器 1 通道测试探头连接至 $M3001$,灵敏度置于 $0.2\mathrm{V/DIV}$ 挡(由于探头有 10 倍衰减,故实际相当于 $2\mathrm{V/DIV}$),用以监测推动级的输出电压波形。仔细调整 $CT3001$,使推动级的输出电压最大 $[(3.5\sim4)V_{\mathrm{P\text{-}P}}]$。

(2) 丙类功放的调整。

将示波器 2 通道测试探头(衰减 10 倍,下同)连接至测试点 $M3003$ 处,灵敏度置于 $0.2\mathrm{V/DIV}$ 挡(由于探头有 10 倍衰减,故实际相当于 $2\mathrm{V/DIV}$),用以监测功放级的输出波形。将示波器 1 通道测试探头(衰减 10 倍,下同)改接至 $M3004$,灵敏度置于 $10\mathrm{mV/DIV}$ 或 $20\mathrm{mV/DIV}$,用以检测 $V3002$ 发射机的余弦脉冲电流。

仔细调整 $CT3003$，使输出回路谐振，且实现负载到集电极间的阻抗转换。观察 $M3003$ 处的波形，应能得到失真最小的调频波形。同时观察 $M3004$ 处的波形，是否得到了一个临界状态的余弦脉冲电流波形（略有凹陷的波形）。若未能观察到临界状态的脉冲电流，则需要仔细调整 $CT3001$、$CT3002$ 和 $CT3000$，使功放级的输入达到较好的匹配状态，必要时还需适当地调大调频波信号的输出幅度。

3）调频波的接收放大电路调试

将接收天线安装在图 2.3 的 $P2001$ 端子，在图 2.3 所示调谐功率放大电路进行放大，可以微调 $CT2002$ 使 LC 谐振回路谐振在调频波的中心频率上，使得放大后的输出调频信号幅度最大，将放大后的调频波信号，接到图 2.37 所示混频器的 $P8001$（即 MC1496 的①引脚）。

4）调频波的一次变频调试

（1）本振信号。

本实验用高频信号发生器或本振电路模块（图 2.35 所示）产生本振信号，频率为 17.155MHz，输出电压大约为 $80mV_{P-P}$。然后短接 $J6001$ 的①、②引脚，使本振信号加至如图 2.37 所示乘法器混频器的 $P8002$（即 MC1496 的⑩引脚）。

（2）调频波信号一次变频为中频信号。

在图 2.37 所示混频器中，调频信号接至 $P8001$ 端子，本振信号接至 $P8002$ 端子。$C8006$、$C8007$ 和 $L8003$ 组成 π 形带通滤波，带通中心频率为 6.455MHz，用示波器在混频电路的输出端（$M8004$）观察输出中频信号波形，可适当调节 $Rp8001$ 和 $L8003$ 使输出波形最大，失真最小。

5）二次变频与鉴频电路调试

（1）二次变频的本振信号。

在图 3.6 所示二次变频和鉴频电路中，用示波器在 $U7001$ 的①引脚观察本振信号，其幅值大约为 $600mV_{p-p}$，频率为 6MHz。

（2）二次变频的实现。

在图 3.6 所示二次变频和鉴频电路中，第 1 调频中频信号由 $M7001$ 输入 $f=6.455MHz$、$U_{P-P}=20mV$ 的调频波信号，调制信号为 $F=1kHz$、频偏为 3.5kHz。

将 $J7001$ 的 2、3 端短接,在 $M7003$ 处观察二次变频后的波形,可得到幅值约为 $200\text{mV}_{\text{P-P}}$、频率为 455kHz 第 2 调频波中频信号。

(3)调频波的鉴频。

在图 3.6 所示二次变频和鉴频电路中,短接跳线端子 $J7001$ 的 1、2 端,用示波器在 $M7002$ 处观察解调后的音频信号,注意调整电位器 $R\text{p}7001$(顺时针调整)和 $R\text{p}7002$(逆时针调整),可观察到频率为 1kHz 的音频信号,调整 $L7001$,使输出幅值最大、失真最小,此时幅值约为 $400\text{mV}_{\text{P-P}}$。

6)音频信号放大

用连接线将鉴频后的输出信号(音频)接至实验箱的音频放大器输入端,调整音量电位器,扬声器中就可还原出 1kHz 的音响。

5. 实验报告要求

① 阐述调频通信系统的电路组成及其工作原理。

② 整理实验数据,计算鉴频灵敏度,分析实验结果。

③ 画出实验测试波形,比较鉴频输出波形与调频输入信号波形;如有差异,分析其原因。

④ 总结系统调试过程中出现的问题及其解决办法。

6. 问题与思考

① 分析调频通信系统中的鉴频灵敏度与哪些因素有关?

② 在调频通信系统中,为什么调频信号较弱时调频噪声反而较大?

③ 如果在调频通信系统中调制信号的幅值太大会出现什么现象?

④ 分析调频通信系统的频带宽度与哪些因素有关?

3.3 锁相环频率合成器实验

1. 实验目的

① 进一步加深对锁相环工作的基本原理的理解。

② 掌握锁相环式数字频率合成电路的工作原理。

2. 实验仪器设备

➤ 双踪示波器

➤ 频率计

➤ TPE-GP3 高频电路实验箱

➤ 频率合成器实验模块

3. 实验原理

锁相环式数字频率合成电路结构框图如图 3.8 所示。

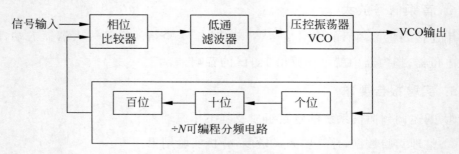

图 3.8　频率合成电路结构框图

1）电路的组成及工作原理

锁相环式数字频率合成实验电路如图 3.9 所示,图中结构可由 CD4046 及外围电路组成,其中相位比较器和压控振荡器功能电路由 CD4046 完成。$1/N$ 分频电路是由三组可预置分频电路完成,各组均由 CD4522 可编程二进制 4 位 $1/N$ 计数器组成,每组分频可用"接入+5V 的方法"以 8421 码的形式对计数器进行预置,也可用单片机编程去控制,分频比的选择范围为 1~999(针对三组分频电路而言),总共可预置 999 个频率点,它是构成锁相式数字频率合成器的重要单元电路,即可编程分频电路。

按所需分频比,先预置各位(即个位、十位和百位)的数据,然后输入频率为 f_i 的方波信号 U_i 到 CD4046 的相位比较器 $SIGN_{in}$ 端(⑭引脚),压控振荡器产生频率为 f_o 的输出信号 U_o,经可编程分频电路分频,得到频率为 f_f 的方波信号 U_f,送至 CD4046 的相位比较器 $COMP_{in}$(③引脚)。两个信号经 CD4046 相位比较器的比较,锁相环锁定时可得到:

$$f_i = f_f$$

已知 $f_i = f_o / N$，则 $f_o = N f_i$。

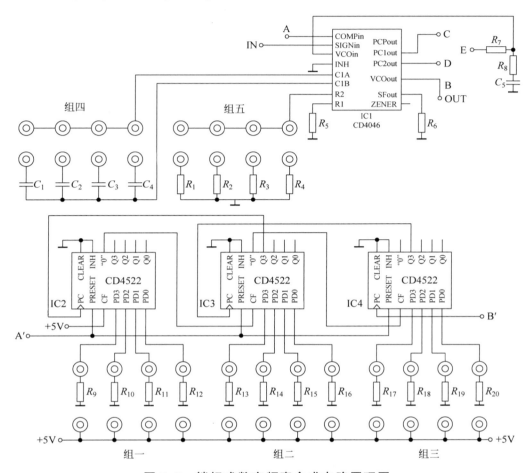

图 3.9 锁相式数字频率合成电路原理图

因此，当 f_i 保持不变，改变可编程分频电路的分频比 N，压控振荡器(VCO)的输出频率 f_o（也就是频率合成器的输出频率）就会相应改变。由此可知，只要输入任意固定信号频率 f_i（在一定的频率范围内），就可得到所需要的频率，其频率间隔为 f_i，选择不同的 f_i，就可获得不同的 f_i 频率间隔。

例如，设 $f_i = 2\text{kHz}$，$N = 64$，则 $f_o = N \cdot f_i = 64 \times 2\text{kHz} = 128\text{kHz}$。

2）相位比较器和环路低通滤波器

CD4046 内部有两个相位比较器，其中相位比较器＋为异或门比较器，要使锁相范围尽量大,一般要求两个比较信号(进入 CD4046 的③、⑭引脚)的占空比必须为 50% 的方波,而相位比较器Ⅱ为过沿控制式比较器,只由两个信号的上升沿作用,所以不要求波形占空比必须为 50% 的方波。

本实验电路的锁相环电路与锁相环式数字频率合成器电路二者均组合在一起,由于相位比较器的比较信号来自于可编程分频电路,占空比不是 50% 的方波,所以本实验电路就选用了相位比较器Ⅱ。它具有鉴频和鉴相功能,当两个输入信号 U_i 和 U_f 频率差较大时,环路从鉴相工作状态自动转入鉴频工作状态,迫使 f_f 逼近 f_i;当 $f_f = f_i$ 时,环路由鉴频器工作状态自动转入鉴相工作状态,这种鉴相器将鉴频与鉴相结合起来工作的确很方便。

相位比较器Ⅱ输出的相位误差电压是周期性脉冲波形,需使用低通滤波器将其滤波平滑,得到一直流控制电压,用来控制 VCO(压控振荡器)的频率和相位,使其向减小误差的方向变化,从而消除频差与相差,达到锁定状态。而高频噪声和其他交流谐波分量将被滤波器抑制。

实验电路中的低通滤波器是由 RC 元件组成的。

4. 实验内容与步骤

实验电路见图 3.9(实验箱上 CD4046"芯片图形"中的 R_1、R_2 标反,以指导书中的图形为准)。

1) 实验说明

① 在实验箱上找到锁相式数字频率合成电路单元,分清各个单元和器件的功能与作用。其中组一、组二、组三分别为可编程分频电路的预置数选择组件(每个分组的四个选择端不接线为"0",任何一端接 5V 均为"1"),组四(电容 C)和组五(电阻 R)用来预置 C 和 R 的数值,不同组合得到不同的自振频率和频率合成范围。

② CD4046 振荡频率主要由外接电阻 R_1、R_2 和 C 决定,与其三者成反比关系。在电容 C 固定的情况下,CD4046 的振荡下限频率主要由 R_2 决定;而上限频率则由 R_1、R_2 决定,由于 R_2 远远大于 R_1,所以改变 R_2 的阻值时上限频率增加有限,而下限频率改变较多。在实验中可试着作出 R、C 不同组合(16 种),观察不同组合时的上下限频率,记录结果,并作分析和比较。

③ 接通数字信号发生器实验单元的电源,本实验单元的电源需由实验箱上的 +5V 电源接入,实验电路的电源指示灯亮,表示 +5V 直流电源已正常接入。

④ 连接 A 与 A′ 两个端点,B 与 B′ 两个端点,由于本实验选用了相位比较器 Ⅱ,所以将 D 和 E 两个端点连接。其中,$C_1 = 27\text{pF}$,$C_2 = 100\text{pF}$,$C_3 = 500\text{pF}$,$C_4 = 2000\text{pF}$,$R_1 = 51\text{k}\Omega$,$R_2 = 100\text{k}\Omega$,$R_3 = 510\text{k}\Omega$,$R_4 = 1\text{M}\Omega$,$R_5 = 10\text{k}\Omega$。

2）锁相环电路的观测

选择数字信号发生电路的 1K 方波信号接至锁相环 IC1 的 IN 端,适当选择组四和组五中的电容和电阻值。用双踪示波器和频率计同时检测 IN 端、OUT 端的波形频率,记录测量结果。测量 IN 端和 A 端应能观测到同频同宽、但不一定同相的波形,记录测量结果。根据测量结果,绘出锁相环的跟踪波形。

3）观察锁相式数字频率合成器

① 对可编程分频电路中的组一、组二、组三的预置,可任意设置分频比 N,同时选择适当的电阻、电容值,即可在 OUT 端观测到压控振荡器（VCO）输出的跟踪波形,记录测量结果,并绘制出波形。当分频比（N）分别为 3、8、12 时,计算压控振荡器（VCO）输出的频率。

② 改变上一步的分频比 N,选择适当的电容值,保持适当的时间常数。重复①的步骤,记录测量结果,并绘制出波形。

4）实验注意事项

① 用双踪示波器观察锁相环的跟踪波形时,断开电源,使电路复位后再观察。

② 通过适当的选择 R、C 组合,可获得最佳的实验效果。

5. 实验报告要求

① 阐述基于锁相环的频率合成器的电路组成及工作原理。

② 整理实验数据、分析实验结果。

③ 总结系统调试过程中出现的问题及其解决办法。

6. 问题与思考

① 为什么以较高的振荡频率再分频产生频率合成器的标准频率,而不是直接振荡较低的频率?

② 分析如何设计频率合成器的频率范围？

③ 分析如何设计频率合成器的相邻频率间隔？

④ 简述可编程二进制 4 位 1/N 计数器 CD4522 各引脚的功能及逻辑功能。

3.4 基于超再生检波的无线遥控发射与接收系统实验

1. 实验目的

① 熟悉基于超再生检波电路的工作原理及其应用。

② 掌握无线遥控系统的组成、工作原理，以及调试方法。

2. 实验仪器设备

➤ 双踪示波器

➤ 直流稳压电源

➤ 频谱分析仪

➤ 函数发生器

➤ 无线发射与接收模块

3. 实验原理

基于超再生检波的无线遥控发射与接收的无线遥控电路，由产生高频振荡及调制的无线发射器和基于超再生检波式的接收器两部分组成。它具有遥控距离远、抗干扰能力强、性能稳定等特点，被广泛应用于摩托车、汽车等遥控钥匙。

1）无线遥控发射电路

无线发射器由一个能产生等幅振荡的高频载频振荡器（一般用 30～450MHz）及遥控信号调制的相关电路组成。一般有多谐振荡器、互补振荡器、声表面波谐振器或石英晶体振荡器等电路形式，如图 3.10 所示是基于声表面波的电容三点式高频振荡电路，具有功耗小、频率稳定度高特点，特别适合用于遥控发射器；声表面波谐振器的谐振频率为 315MHz，在电路中等效为电感，并起到稳定振荡频率的作用，频率稳定性非常高、与晶体振荡器相当。调制信号从 IN 端输入，可以为模拟信号或数码遥控信号。如图 3.10(b)是基于声表面波的电感三点式高频振荡电路,从 TXD 端输入数字信号,晶体管 Q_2 工作在开关状态,以实现 AM 的键控调制。

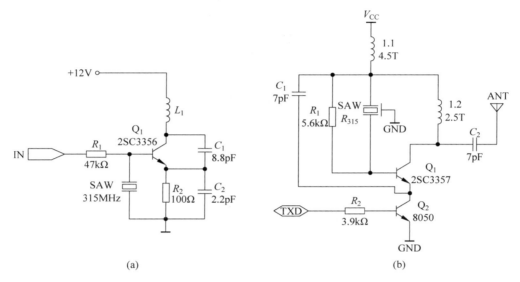

图 3.10 基于声表面波的遥控发射电路

2）基于超再生检波的无线遥控接收电路

基于超再生检波的无线遥控接收电路,实际上是一个受间歇振荡控制的高频振荡器,这个高频振荡器采用电容三点式振荡器的电路形式,振荡频率和遥控发射器的发射频率相一致。而间歇振荡(又称淬熄振荡)又是在高频振荡的振荡过程中自动产生的,反过来又控制着高频振荡器的振荡和间歇。而间歇(淬熄)振荡的频率是由电路的参数决定的,若载波振荡频率选择较低,则电路的抗干扰性能较好,但接收灵敏度较低;反之,若载波振荡频率选择较高,接收灵敏度较好,但抗干扰性能变差。

超再生检波电路有很高的增益,在未收到控制信号时,由于受外界杂散信号的干扰和电路自身的热噪声,超再生检波电路产生一种杂乱的振荡,这种特有的噪声,叫超噪声。在无信号时,超噪声电平很高,经滤波放大后输出平均电压,该电压作为电路的低电平状态(无信号状态)的控制信号,例如使继电器吸合或断开等动作。当有控制信号到来时,电路谐振,超噪声被抑制,高频振荡器开始产生振荡。而振荡过程建立的快慢和间歇时间的长短,受接收信号的振幅控制。接收信号振幅大时,起始电平高,振荡过程建立快,每次振荡间歇时间也短,得到的控制电压也高;反之,当接收到的信号的振幅小时,得到的控制电压也低。这样,在电路的负载上便得到了与控制信号一致的低频电压,这个电压便是电路的另一种状态的控制电压(高电平状态)。

如图 3.11 所示,是 315MHz 载波频率为 315MHz 的超再生检波接收电路。晶体管 Q_1 构成高频放大器,输入 L_1C_2 回路谐振频率为 315MHz。晶体管 Q_2 构成超再生检波电路,该电路为电容三点式振荡器的电路形式,其振荡幅度和间歇性能受遥控控制信号的控制。当振荡幅度较大时,集电极电流较大,R_7 的压降也大,发射极的电位较低;反之,当振荡幅度较小时,集电极电流较小,R_7 的压降也小,发射极的电位较高;发射极输出检波信号,经过 L_3C_{11} 低通滤波器的滤波后,送到 LM358 运算放大器。

LM358 为双运算放大器芯片,超再生检波输出信号,先送到 LM358 的⑤引脚,在内部进行放大后从⑦引脚输出,再送到 LM358 的③引脚进行脉冲整形,恢复遥控控制信号。

4. 实验内容与步骤

1)遥控发射电路实验

按照图 3.10(b)原理图所示,采用制成品的 315MHz 遥控发射模块,配备必要的电源电路和编码电路;在面包板上搭接遥控发射电路,也可以把模块安装在一个母板上。由声表面波谐振器产生载波频率 315MHz,频率稳定度为 ±75kHz。在模块的 TXD 端口输入调制信号,调制信号可以用函数发生器或试验箱产生的 1kHz 方波信号或伪随机序列码信号。用频谱分析仪或高频示波器观测 ANT 端子的 AM 键控波形及其信号强度。

2)遥控接收检波电路实验

按照图 3.11 原理图所示,采用制成品的超再生检波模块,在面包板上搭接基于超再生检波的遥控接收电路,也可以把接收模块安装在一个母板上。实验用接收模块已经经过电路参数调试,与发射模块的频率相适配,不需要再进行调整。用示波器观测超再生检波模块的输出信号的波形(即 LM358 的①引脚输出波形),与遥控发射器的调制波形进行比较,是否与遥控发射的调制信号波形相同。

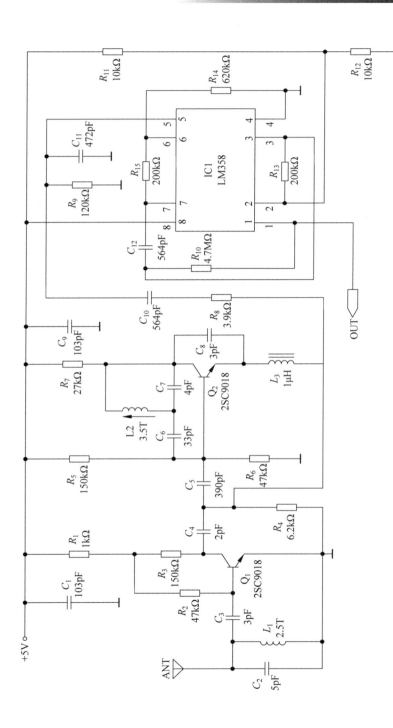

图 3.11 基于超再生检波的遥控接收电路

3）遥控性能实验

将遥控发射器的方波调制信号，改为伪随机序列码信号，观测基于超再生检波的遥控接收信号是否会出现误码。如果出现误码情况，可以用频谱分析仪或高频示波器观测 Q_1 放大电路输出信号和 Q_2 超再生振荡的输出信号，并调整 L_1C_2 谐振回路和 L_2C_7 谐振回路，使其谐振在 315MHz。

将遥控发射模块与遥控接收模块的距离置于 30m 以外，观测遥控接收信号应该不出现误码。

5．实验报告要求

① 阐述声表面波振荡器的工作原理。

② 叙述超再生检波器的工作原理。

③ 整理实验数据，绘制要求记录的波形，并与发射端的调制信号进行比较。

④ 总结实验工程中出现的问题及解决办法。

6．问题与思考

① 遥控发射器的载波频率为什么很稳定？

② 如果调制信号改为音频信号，在接收端的超再生检波器能够输出音频信号吗？对电路有何要求？

③ 超再生检波器的解调输出信号与调制信号是否产生延迟？为什么？

第 4 章

通信电子线路设计

通信电子电路综合设计是培养设计创新型人才的重要环节,也是训练学生解决复杂工程问题的重要途径。在理论课教学中可以获得通信电子线路的理论知识,通过基础实验和综合性实验能够锻炼工程实践能力,而自行动手设计、制作满足一定功能和技术指标要求的高频电路,可以促进学生的理论知识、实践能力和综合素质协调发展。

本章收录了笔者长期教学过程中的课程设计、电子工程基础训练、电子设计竞赛等项目。有高频放大器、通信发射机、通信接收机、锁相环频率合成的信号源等多种设计题型,兼顾分立元件的通信电子电路和集成芯片的通信电子电路。设计基于分立元件的通信电子电路,能够使学生更好地理解电路构成和工作原理,训练学生的工程设计能力,掌握通信电子电路一般设计方法,包括电路方案、元器件选型,以及电路参数计算等。而设计基于集成芯片的通信电子电路,更贴近实际应用,让学生熟悉通信电子线路的技术现状和发展趋势;在程控宽带放大器设计和锁相环频率合成调谐的接收机设计项目中,推荐满足设计指标的芯片,并给出了各芯片的应用电路及系统组成框图,学生也可以依据设计目标要求自行选择其他芯片。要求学生读懂技术资料,设计芯片的外围电路及计算电路参数,思考芯片与芯片之间的信号耦合及电路连接。

通信电子电路综合设计以项目驱动为载体,有明确的预习要求,学生必须进行前期的文献调研,需要完成项目方案考量、电路设计和参数计算,以及电路制作、调试验证和测试结果,设计完成之后撰写设计总结报告。

4.1　小信号调谐放大器设计

1. 实验目的

① 熟悉高频电子元器件的选用。

② 熟悉小信号调谐放大器的工作原理及设计方法。

③ 熟悉谐振回路的幅频特性分析——通频带与选择性。

④ 熟悉信号源内阻及负载对谐振回路的影响，了解频带扩展的方法。

⑤ 熟悉小信号调谐放大器的动态范围及测试方法。

2. 预习要求

① 复习小信号谐振放大器的电路组成及工作原理。

② 掌握小信号调谐放大器的电路参数计算方法。

③ 掌握小信号调谐放大器的电压放大倍数、动态范围、通频带及选择性的概念，以及其相互之间关系和计算方法。

3. 设计任务与技术指标

① 中心频率 $f_0 = 10.7\text{MHz}$。

② 负载等效阻抗 $R_L = 2.7\text{k}\Omega$ 时，电压增益不小于 26dB(即 20 倍)。

③ 频带宽度大于 0.5MHz。

④ 输出最大动态电压 5Vrms。

⑤ 电源电压 $V_{CC} = +12\text{V}$。

4. 实验仪器设备与实验材料

1) 实验仪器设备

➤ 双踪示波器

➤ 扫频仪

➤ 高频信号发生器

➤ 万用表

➤ 高频毫伏表

➤ 直流稳压电源

➤ 电烙铁等焊接工具

2）实验材料

高频三极管、电阻器、可变电阻器、瓷介电容器、电感器（中周）。

5. 放大电路设计

1）放大电路的选择

高频小信号调谐放大器如图 4.1 所示，以并联谐振回路作为放大器的负载，即在共射放大电路中用 LC 回路作为负载。采用＋12V 直流供电，为了减少晶体管输出电容、输出电阻以及负载阻抗对 LC 谐振频率和回路 Q 值的影响，将集电极部分接入谐振回路，负载则以变压器耦合输出到负载 R_L，集电极的接入系数为 n_1 和负载的接入系数为 n_2，通常 n_1 和 n_2 的取值为 $0.2 \sim 0.5$；在谐振回路并联电阻 R，用于调节回路的 Q 值，稳定谐振回路特性。

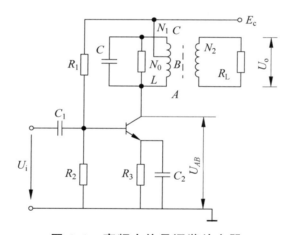

图 4.1　高频小信号调谐放大器

2）晶体管的选择

高频小信号调谐放大器一般用于接收机的前级高频放大或中间级的中频放大，要求具有较高增益、较好的选择性、较低的噪声系数和较高的稳定性。因此选择高频晶体管时，要求晶体管的噪声系数要小、集电极结电容 $C_{b'c}$ 要小，晶体管的特征频率 $f_T \geqslant 5 f_0$；与低频放大器的要求一样，选管参数也要满足 $V_{ceo} \geqslant 2E_c$，

$I_{CM} \geqslant I_{cmax}$，$P_{CM} \geqslant P_C$。本设计可以选择实验室比较常用的晶体管 9011 或 9016，能够满足上述要求。

3）直流静态工作点的设定和偏置电路参数计算

（1）直流静态工作点的设定。

高频小信号调谐放大器为线性 A 类放大器，直流工作点的选择对放大器性能的影响较大，为了确保晶体管工作在线性区域，在设计时可以选取 $I_{EQ} \approx (1 \sim 3)\mathrm{mA}$。为了提高放大器的动态范围，一般电阻负载的放大器将静态工作点设置在输出特性曲线的中间位置；而对于 LC 调谐回路负载的放大器，集电极静态电平为集电极电源电压（即 $U_{CQ} = V_C$）。考虑到 U_{BQ} 越小、集电结的反偏电压越大，三极管的高频性能越好，可以选取 $U_{BQ} \approx (0.2 \sim 0.4)V_{CC}$。

（2）偏置电路的参数计算。

取 $I_{EQ} = 2\mathrm{mA}$，$U_{BQ} = 0.3V_{CC} = 0.3 \times 12\mathrm{V} = 3.6\mathrm{V}$；假设晶体管 $\beta = 100$，$U_{BEQ} = 0.6\mathrm{V}$，则 $I_{BQ} = I_{EQ}/\beta = 2\mathrm{mA}/100 = 20\mu\mathrm{A}$。

为了确保静态点稳定，要求基极偏置电阻电流 $I_{BR} >> I_{BQ}$，一般取 $I_{BR} = (10 \sim 20)I_{BQ}$，这里取 $I_{BR} = 15I_{BQ} = 15 \times 20\mu\mathrm{A} = 0.3\mathrm{mA}$。

$R_{B1} = U_{BQ}/I_{BR} = 3.6\mathrm{V}/0.3\mathrm{mA} = 12\mathrm{k}\Omega$，取电阻器系列值 $12\mathrm{k}\Omega$。

$R_{B2} = (V_{CC} - U_{BQ})/I_{BR} = (12-3.6)\mathrm{V}/0.3\mathrm{mA} = 28\mathrm{k}\Omega$，取电阻器系列值 $27\mathrm{k}\Omega$；设计时可以用一个 $24\mathrm{k}\Omega$ 电阻器再串联一个 $7.5\mathrm{k}\Omega$ 可调电阻器，便于静态工作点的调整，调节实际值与理论计算值的偏差。

$$R_E = (U_{BQ} - U_{BEQ})/I_{EQ} = (3.6-0.6)\mathrm{V}/2\mathrm{mA} = 1.5\mathrm{k}\Omega$$

（3）设计验证。

根据上述设计偏置电路，验证 U_{BQ}、U_{CEQ}：

$U_{BQ} = (V_{CC}/(R_{B1} + R_{B2}))R_{B1} = (12\mathrm{V}/(27+12)\mathrm{k}\Omega) \times 12\mathrm{k}\Omega = 3.7\mathrm{V}$，为 V_{CC} 的 0.3 倍。

$U_{CEQ} = V_{CC} - I_{EQ}R_E = 12\mathrm{V} - 2\mathrm{mA} \times 1.5\mathrm{k}\Omega = 9\mathrm{V}$，最大不失真输出动态电压为 $(9-V_{ces}) \times 0.707 = (9-0.5) \times 0.707 \approx 6.3V_{rms}$。

能够满足设计要求。

4）谐振回路设计

谐振回路的设计要能够满足放大器的电压增益和频带宽度的要求。谐振回路

的电感 L 值不能太小,否则谐振回路的 Q 值太小,会影响调谐放大器的选择性。由于谐振频率容易受温度变化和晶体管的结电压变化的影响,谐振回路的电容取值一般要远大于晶体管的输出电容和负载电容,以减小晶体管输出电容和负载电容对谐振回路 Q 值和谐振频率的影响;此外电感器一般为正温系数,谐振电容宜选择负温系数的高频电容器。

(1) 计算谐振回路电感 L。

根据频带宽度的设计要求计算谐振回路的带载品质因素 Q_L:

$$Q_L = \frac{f_0}{B} = \frac{10}{0.5} = 20$$

根据放大器增益的设计要求计算回路的总电导 g_Σ,假设回路接入系数 $n_1 = n_2 = 0.3$,则

$$g_\Sigma = \frac{n_1 n_2 \mid y_{fe} \mid}{A_{VO}} = \frac{0.3 \times 0.3 \times \mid \sqrt{37^2 + 4.1^2} \mid}{20} = 0.167(\text{mS})$$

再由 $Q_L = \frac{1}{g_\Sigma \omega L}$ 计算回路电感 L:

$$L = \frac{1}{g_\Sigma Q_L \omega} = \frac{1}{0.167 \times 10^{-3} \times 20 \times 2\pi \times 10.7 \times 10^6}(\text{H}) = 4.46(\mu\text{H})$$

(2) 计算谐振回路电容 C。

由 $f_0 = \frac{1}{2\pi \sqrt{LC_\Sigma}}$,计算谐振回路总电容 C_Σ:

$$C_\Sigma = \frac{1}{(2\pi f_0)^2 L} = \frac{1}{(2\pi \times 10.7 \times 10^6)^2 \times 4.46 \times 10^{-6}}(\text{F}) = 49.7(\text{pF})$$

再由 $C_\Sigma = C + n_1^2 C_{oe}$ 计算谐振回路外接电容 C:

$$C = C_\Sigma - n_1^2 C_{oe} = 49.7 - 0.3^2 \times 1 = 49.6(\text{pF})$$

取电容系列容值 51pF。

(3) 计算 LC 谐振回路外接电阻 R_C。

假设电感 L 的空载 $Q_0 = 100$,则电感内阻为

$$R_0 = \frac{1}{g_0} = Q_0 \omega L = 100 \times 2\pi \times 10.7 \times 10^6 \text{Hz} \times 4.46 \times 10^{-6} \Omega = 30\text{k}\Omega$$

回路总阻抗 R_Σ 由外接并联电阻 R_C、电感 L 内阻 R_0、负载电阻 R_L 和晶体管

输出 r_{oe} 四部分并联,考虑部分接入后有

$$g_\Sigma = \frac{1}{R_\Sigma} = \frac{1}{R_c} + \frac{1}{R_o} + \frac{n_1^2}{r_{oe}} + \frac{n_2^2}{R_L}$$

代入参数

$$0.167 = \frac{1}{R_C} + \frac{1}{30} + \frac{0.3^2}{50} + \frac{0.3^2}{2.7}$$

计算得 $R_C = 10.1\text{k}\Omega$,取电阻系列值 $10\text{k}\Omega$。

6. 实验验证与测试

根据上述设计搭接实际电路。

1）静态测试

给所设计电路接上+12V电源、不接输入信号,测量各静态工作点,计算并填表 4.1。

表 4.1　放大器静态工作点测试表

实　　测		实 测 计 算		根据 V_{CE} 判断 V 是否工作在放大区		分析是否满足设计要求
V_B	V_E	I_C	V_{CE}	是	否	

注：V_B，V_E 是三极管的基极和发射极对地电压。

2）动态特性测试

（1）测量放大器的电压增益。

把高频信号发生器接到放大器的输入端,选择正常放大区的输入电压有效值 $V_i = 20\text{mV}$,调节信号源频率 f 使其为 10.7MHz;放大器的输出端接高频毫伏表,调节放大器的中周(电感)磁芯使回路谐振,当回路谐振时输出电压幅度为最大,记录输出电压 V_o,再计算放大器的电压增益。建议用双踪示波器观测输入、输出信号变形,同时也可以用示波器测量信号的幅值。

（2）测量放大器的动态范围。

当输入信号在动态范围内逐步增大时,输出信号也随之增大;当继续增大输入信号超出动态范围时,输出信号反而减小。把放大倍数下降1dB的折弯点 V_o 定

义为放大器的动态范围,记录测试结果;如果动态范围不能满足设计要求,则要调整放大器的静态工作点。

（3）测量放大器的频带宽度。

用扫频仪观测放大器的频率特性:将扫频仪射频输出信号送入放大器的输入端,放大器输出接至扫频仪检波器输入端,观察回路谐振曲线,判断频率响应是否符合设计要求。注意:扫频仪输出衰减挡位应根据实际输出信号大小来选择适当量程位置;当扫频仪的检波探头为高阻时,电路的输出端必须接入负载电阻 R_L,而当扫频仪的检波探头为低阻探头时,则不要接入负载电阻 R_L。

逐点测量幅频特性曲线:选择正常放大区的输入电压 $V_i = 10\mathrm{mV}$,将高频信号发生器输出端接至放大器的输入端,调节频率 f 使其为 10.7MHz,调节中周电感的磁芯使回路谐振,放大器的输出电压幅度为最大,此时的回路谐振频率 $f_0 = 10.7\mathrm{MHz}$ 为中心频率,然后保持输入电压 V_i 不变,改变信号源频率由中心频率 f_0 向两边逐点偏离,测得在不同频率 f 时对应的输出电压 V_o,将测得的数据填入表 4.2,根据测量数据画出幅频特性曲线。注意:测量频率偏离范围可根据输出电压实测衰减情况来确定,一般要测量输出电压 V_o 的 0.2～1.0 倍上下频偏,各测量 3～5 个频点,幅频特性曲线才会比较完整。

表 4.2　放大器频率响应测试表

f(MHz)				10.7				
V_o								

7. 设计报告要求

① 画出实验电路的直流和交流等效电路,设计放大器的直流工作点,设计放大器的电压增益,计算电路参数。

② 给出测试方法,整理和分析实验数据,计算放大器的电压增益和放大器的动态范围。

③ 在坐标纸上画出幅频特性,计算放大器的通频带,分析频率响应是否符合设计要求;如果不符合设计要求,应该如何解决?

8. 问题与思考

① 调谐放大器的通频带与哪些因素有关? 如果通频带偏窄调节什么参数最

简便,改变电路参数时是否会影响电压放大倍数?

② 如何提高调谐放大器通频带的上截止频率?

③ 为了使放大器的动态范围尽量大,应该如何设计小信号调谐放大器的静态工作点?

4.2 程控宽带放大器设计

1. 实验目的

① 掌握程控放大器 AD603 的原理。

② 掌握基于集成电路高频放大器的一般设计方法。

③ 熟悉宽带放大器技术指标及其测量方法。

2. 预习要求

① 读懂程控放大器 AD603 的数据手册。

② 了解集成电路 AD603 的应用领域和主要技术指标。

③ 了解集成电路 AD603 的级联及电压增益控制方法。

④ 用 Spice 软件仿真可控增益放大器模块电路。

3. 设计要求

设计基于集成电路 AD603 芯片的程控增益放大器电路,能够实现对输入信号放大增益的精确控制。要求设计指标如下:

① 输入信号频率 1kHz～50MHz,有效值幅度 5mV。

② 增益范围 0～60dB 连续可调。

③ 增益波动范围小于±1dB。

④ 输入阻抗 50Ω,负载电阻 200Ω。

⑤ 电源电压为±5V。

4. 实验仪器设备与实验材料

1)实验仪器设备

➢ 双踪示波器

➤ 高频信号发生器

➤ 万用表

➤ 直流稳压电源

➤ 高频毫伏表

2）实验材料

①集成电路：AD603，封装如图 4.2 所示；②分立器件：金属膜色环电阻系列、普通陶瓷电容系列、铝电解电容、钽电解电容等；③单片机开发板。

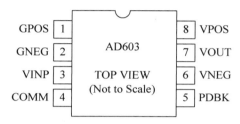

图 4.2　AD603 SOIC 封装图

5. 基于集成芯片的放大器设计

本设计性实验是通过运用压控放大器集成芯片 AD603 设计一款编程控制增益放大器电路，理解该芯片的技术指标，掌握基于集成电路放大器的设计方法，掌握宽带放大器的调试及测量，以及宽度放大器的应用要领。

1）宽带可控增益放大器 AD603

AD603 是 ADI 公司设计的模拟集成放大电路，具有低噪声、90MHz 带宽、增益可调的集成运算放大器，输入信号的峰值电压为 1.4V、最大不能超过 2V；如果增益用 dB 表示，则增益大小与电压大小之间呈线性关系，增益的步进幅度为 40mBV，即 1dB25mV，控制电压的为 -500～$+500$mV，该集成电路的控制引脚的连接方式不同，可以选择不同的可编程控制增益范围。当增益设置在 -11～$+31$dB 时，放大器带宽为 90MHz；当增益设置在 $+9$～$+41$dB 时，放大器带宽为 9MHz。

AD603 的内部结构如图 4.3 所示，它由一个固定增益放大器和一个压控精密无源电阻衰减网络组成。在该芯片的①、②引脚之间接控制电压，由于它们之间的输入阻抗高达 50MΩ，因此对控制电路的影响可以忽略；该芯片的③引脚为信号输入端，④引脚为信号地，两脚之间的输入阻抗为 100Ω，在③、④引脚之间外接一个 100Ω 的并联电阻，可以使输入端阻抗变为 50Ω；该芯片的⑤引脚为反馈输入端，⑥引脚和⑧引脚分别为电源地和电源正极，⑦引脚为信号输出端且输出电阻为 2Ω；该芯片的⑦引脚和⑤引脚为增益控制端，此两脚的不同连接方式，可以实现不同的固定增益配置，其中固定增益衰减网络由 7 级电阻网络组成，每级衰减为 $-6.02\mathrm{dB}$，到第 7 级时最大衰减为 $-42.14\mathrm{dB}$，通过改变控制电压可以连续调节输入信号的衰减值。

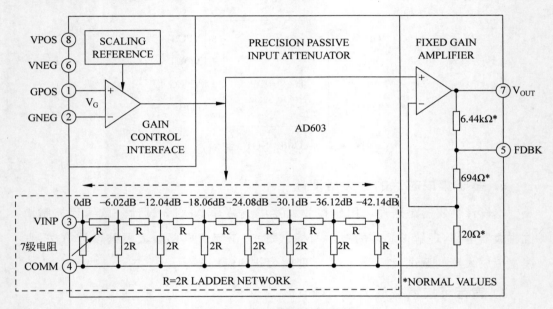

图 4.3　AD603 内部结构

当改变⑦引脚和⑤引脚之间外接电阻的阻值时，放大器的固定增益在 $31.05\sim51.07\mathrm{dB}$ 调整。当⑦引脚和⑤引脚断开时增益最大，固定增益为

$$A = \left(1 + \frac{6440 + 694}{20}\right) = 357.7 = 51.07(\mathrm{dB})$$

当⑦引脚和⑤引脚短接时增益最小，固定增益为

$$A = \left(1 + \frac{694}{20}\right) = 35.7 = 31.05(\mathrm{dB})$$

当⑦引脚和⑤引脚之间接 $2.15\mathrm{k}\Omega$ 的电阻时，固定增益为

$$A = \left(1 + \frac{6440//2150 + 694}{20}\right) = 116.29 = 41.31(\text{dB})$$

当控制电压 V_G 在 $-526 \sim -326\text{mV}$ 范围变化时,放大器的总增益可以表示为

$$A(\text{dB}) = 40V_G + G_0$$

式中,V_G 是所加的控制电压,G_0 为不同模式的增益常量。当⑦引脚和⑤引脚短接时,$G_0 = 10\text{dB}$,带宽为 90MHz;⑦引脚和⑤引脚断开时,$G_0 = 30\text{dB}$,带宽为 9MHz;⑦引脚和⑤引脚连接 $2.15\text{k}\Omega$ 电阻时,$G_0 = 20\text{dB}$,带宽为 30MHz。

2)AD603 的电压增益与级联

当放大器带宽 50MHz 时,单级放大器的增益最高为 $+40\text{dB}$,不能满足设计要求;为了满足 60dB 增益的设计要求,需要两片 AD603 级联在一起。两片或多片 AD603 级联的方式有顺序控制模式、并联控制模式和低增益波动模式等三种。

(1)顺序控制模式(最优信噪比模式)。

将两片 AD603 的控制电压正端(GPOS)并联在一起,接一个正的可变控制电压,两片 AD603 的控制压负端(GNEG)各加一个固定的直流电压,使两片 AD603 控制电压 V_{G1} 和 V_{G2} 的差值为 $2 \times 526\text{mV} = 1052\text{mV}$。两级放大器之间采用电容耦合方式级联,当第一级放大器的增益达到最大时,第二级放大器的增益才从最小值开始增加,这样前级放大器的信号尽量大,可以使级联放大器的信噪比在增益控制范围内保持最佳状态。

(2)并联控制模式(最简增益控制接口模式)。

并联控制模式是最简单的级联增益控制方式,它将两片 AD603 的控制电压正端(GPOS)并联在一起,接正的可变控制电压,两片 AD603 的控制电压负端(GNEG)也并联在一起,接一个固定的直流电压或直接接地,使两片 AD603 的控制电压相等,即 $V_{G1} = V_{G2}$。两级放大器之间也采用电容耦合方式连接,这样两级放大电路的增益同步变化,级联放大器的总增益是单级放大电路的两倍,总增益为

$$A(\text{dB}) = 80V_G + G_0$$

当带宽最大(90MHz)时,G_0 为 20dB。由于两级放大器的增益同步控制,使得并联控制模式的增益误差为单片放大电路增益误差的两倍,当级联放大器的增益增加时,信噪比会降低。

(3)低增益波动模式(最小增益误差模式)。

当放大器正常工作时,AD603 存在周期性的增益波动误差。为了减小该误差,两片 AD603 级联时,可以在两级放大器之间设置固定的控制电压差。当两片 AD603 的控制电压 V_{G1} 和 V_{G2} 之间的差值约为 93.75mV 时,可以实现两级增益误差相互抵消,使得在总增益范围内总增益误差最小。

考虑到设计任务中对增益波动要求较高,采用第(3)种级联方式,以满足较小增益波动的设计要求,两级放大器之间用 $0.1\mu F$ 电容耦合。

3) 控制电路设计

根据设计任务要求对 AD603 的增益进行连续控制,对控制电压精度要求较高,采用单片机和 DAC 转换芯片相结合输出控制电压,从而实现对 AD603 的增益控制,程控增益放大器的总体框图如图 4.4 所示。

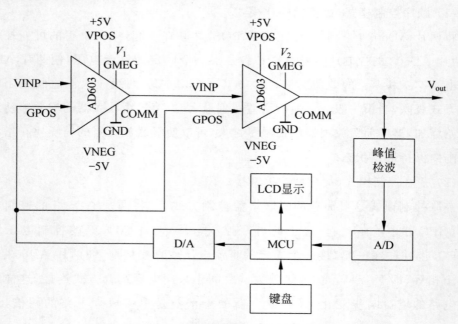

图 4.4 程控增益放大器系统框图

A/D 转换器采集放大器的输出信号,由单片机识别输出信号的幅值大小,自动生成增益控制数据;也可以通过键盘设置目标增益,经过单片机处理后在 LCD 上显示设置结果,并将目标增益处理成控制数据。增益控制数据通过 D/A 转换输出模拟控制电压,去控制最小增益误差方式级联的两片 AD603 放大;两片 AD603 的增益控制负端(GNEG)分别接不同的直流固定电压 V_1、V_2,根据增益控制范围取适当的差值。

AD603 的增益(dB)与控制电压呈线性关系,增益调节范围为 40dB;其增益控制端输入电压为 $-500 \sim +500 \text{mV}$,每当增益步进 1dB 时,控制端电压需要增大 $\Delta V_\text{G} = [500-(-500)]/40 = 25 \text{mV}$。由于 AD603 的控制电压需要比较精确的电压值,使用 12 位的 D/A 转换器 AD667,其内部自带 10V 基准电压,其输出电压精度为 $10/2^{12} = 0.00244 \text{V} = 2.44 \text{mV}$。

程控放大器的控制程序,主要包括键盘扫描程序、LCD 初始化和显示程序、D/A 转换控制程序、A/D 转换控制程序、增益控制程序等。

6. 实际电路验证与测试

① 高频信号发生器输出频率为 50MHz、幅度为 2mV 的高频信号,由于 AD603 的输出电阻很小(2Ω),放大器输出端与 200Ω 负载电阻之间需要设计阻抗匹配网络。而放大器输入电阻已经是 50Ω,所以高频信号发生器与放大器之间无须设计阻抗匹配网络。

② 键盘设定单片机 D/A 输出电压时,注意与 AD603 控制电压负端的差值在 $-526 \sim +526 \text{mV}$ 变化。

③ 负载电阻上输出电压的测试要考虑到阻抗不匹配的情况,示波器测试时要使用衰减挡"10×"高阻抗探头。

7. 设计报告要求

① 电路原理图设计,包括设计过程、电路参数取值的计算及结果。

② 电路安装制作要点。

③ 测试方法及测试结果分析。

④ 在设计、制作、调试全过程中遇到的问题及解决思路和方法。

⑤ 将设计和测试结果与 Spice 软件仿真结果进行比较,分析产生误差的原因。

⑥ 设计制作过程的心得体会。

8. 问题与思考

① 如何实现前后两级放大器的增益分配?

② 输入 2mV 小信号的信噪比较低,可以采用什么方法提高输入信号的信噪比?

③ 在高阻和低阻负载下,测量方法有何不同?

4.3 小功率调频发射机设计

1. 设计目的

① 熟悉小功率调频发射机(调频话筒)的电路组成和工作原理。

② 掌握小功率调频发射机的制作和调试方法。

③ 通过调频话筒的组装、调试,初步体验高频电路的安装工艺及调试技巧。

2. 预习要求

① 明确设计的目标:需要先根据课题提出的设计参数和要求设计整个系统,再把一整个系统划分成几部分,还要考虑怎么实现各个单位电路之间的连接和兼容问题,共同实现无线调频发射机的功能。

② 单元电路的分析和选择:明确整个电路系统的功能,考虑要怎么来实现这样的功能,需要哪几部分的电路模块,选择各单元电路要用什么样的电路来实现相应的功能,并绘制出基本的无线调频发射机的电路原理图。

③ 器件的选择:确定了整个电路原理图以后,就要考虑如何将原理图变成实物,确定每个部分的电路需要用什么类型的器件,了解器件的参数,选择合适的元器件来搭建电路。

④ 电路安装与调试:已经明确了设计的内容以后,就需要将各个部分的单位电路连接起来,装配成完整的无线调频发射机,了解如何验证实际电路、如何调试。

3. 设计任务与技术指标要求

设计和制作一种小功率调频发射机,由音频放大器、频率调制电路、谐振功率放大器等电路组成,可以用作调频话筒,技术指标要求如下。

① 电源电压+3.0V。

② 调频频偏大于 50kHz。

③ 调频波中心频率 60~70MHz。

④ 在负载为 75Ω 时,发射功率不小于 20mW。

⑤ 发射距离不小于 20m。

⑥ 没有明显噪声。

4. 实验仪器设备及实验材料

1)实验仪器设备

➤ 数字万用表

➤ 双踪示波器

➤ 调频接收耳机

➤ 频谱分析仪

➤ 高频信号发生器

➤ 电烙铁等焊接工具

2)实验材料

三极管(低频/高频)、电阻器(固定/可变)、电容器、电感器、电池、PCB 等。

5. 小功率调频发射机工作原理

小功率调频发射机原理图如图 4.5 所示。采用＋3V 电源,可以用两节电池供电。

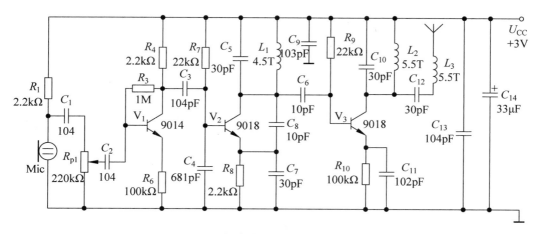

图 4.5 小功率调频发射机原理图

晶体管 V_1 构成音频信号放大器,这是共发射极倒相放大电路,Mic 为驻极型话筒,R_{P1} 电位器用来调节音频信号的大小,音频信号经 V_1 放大后通过 C_4 耦合到后级的调频电路。

　　晶体管 V_2 为共基极放大电路形式,构成电容三点式调频振荡器,L_1C_5 组成并联谐振回路,谐振频率略低于调频波的中心频率,使得 L_1C_5 回路呈感性,满足电容三点式振荡条件。音频调制信号加在 V_2 的发射结,使 V_2 发射结的结电容 C_{be} 随调制信号的变化而变化,从而使振荡频率随调制信号的变化而变化。调频波的中心频率可由下列公式计算:

$$f_0 = \frac{1}{2\pi\sqrt{L_1 C_\Sigma}}$$

式中,

$$C_\Sigma = C_5 + \cfrac{1}{\cfrac{1}{C_7 + C_i} + \cfrac{1}{C_8 + C_0}}$$

　　晶体管 V_3 构成调频发射放大器,由于任务要求作为调频话筒,发射功率大于 20mW,传输距离只要大于 20m,因此本设计采用甲类工作的调谐放大器就可以满足设计任务要求。如果要增大发射功率、加大发射距离,可以将 V_3 改为丙类谐振功率放大器。V_3 完成小功率调频波的放大和发射,并联谐振回路 L_2C_{10} 谐振在调频波的中心频率,L_3C_{12} 为串联谐振回路,起到选频以及与天线的阻抗匹配作用。

6. 小功率调频电路设计

1) 话筒与音频放大器的设计

　　采用驻极型话筒,有正负极性之分,与铝制外壳相连接的为负极,另一极为正极,上拉电阻 R_1 接至 $+V_{CC}$,给话筒提供电源。

　　话筒完成声电转换,话筒产生的音频信号约为 $0\sim20mV$,R_{P1} 可以调节音量大小。音频放大器可以采用 9014 低频晶体管,基极采用直接偏置电路。R_6 的阻值为 100Ω,起到交直流负反馈作用,既稳定静态工作点又稳定音频信号。如果取 $I_{EQ} = 0.5mA$,则 $U_E = I_{EQ}R_6 = 0.5\times0.1 = 0.05V$,$R_6$ 对放大器的静态电压形成弱反馈。

　　若要使放大器的动态范围最大,应该使静态工作点在输出特性曲线的中点,或者集电极直流电位 U_C 介于 V_{CC} 和基极直流电位 U_B 的中间。

$$U_B = U_{BEQ} + U_E = 0.6 + 0.05 = 0.65(V)$$

$$U_C = V_{CC} - I_{CQ}R_4 = 3 - 0.5 \times 2.2 = 1.9(\text{V})$$

U_C 大约介于 V_{CC} 与 U_B 之间，基本满足上述要求。

假设晶体管 $\beta = 150$，$I_B = I_C/\beta = 0.5/150(\text{mA}) = 3\mu\text{A}$，则基极偏置电阻

$$R_5 = (V_{CC} - I_C R_4 - U_{BEQ} - U_E)/I_B$$

$$= (3 - 0.5 \times 2.2 - 0.6 - 0.05)/0.003 = 426(\text{k}\Omega)$$

取电阻系列阻值 430kΩ 的电阻。

因为音频放大器为高输入阻抗，放大器的负载（即后级调频电路）也是高阻的输入阻抗，交流耦合电容不要求太大，可以采用 104 瓷介电容为耦合电容或容值更大的耦合电容。

2）调频电路设计

调频电路采用西勒振荡电路，晶体管 V_2 为共基极放大电路形式，比共射放大电路有更好的频率响应，可以选用晶体管 9018，其特征频率 $f_T = 700\text{MHz} > 5f_o$，能够满足设计任务要求。

$L_1 C_5$ 组成并联谐振回路，谐振频率略低于调频波的中心频率，使 $L_1 C_5$ 回路呈感性，电感 L_1 为空心线圈，可以自行用 $\Phi = 0.3\text{mm}$ 直径的漆包线绕制 4.5 圈，电感量大约为 $0.17\mu\text{H}$；在实际使用和调试时，可以通过调节线圈的匝间距来调节电感量的大小。晶体管在静态工作时的发射结电容 $C_{ie} = 10\text{pF}$，集电极输出电容 $C_{oe} = 1\text{pF}$，则回路总电容：

$$C_\Sigma = C_5 + \cfrac{1}{\cfrac{1}{C_7 + C_i} + \cfrac{1}{C_8 + C_0}} = 30 + \cfrac{1}{\cfrac{1}{30 + 10} + \cfrac{1}{10 + 1}} = 38.6(\text{pF})$$

调频电路的中心频率：

$$f_0 = \frac{1}{2\pi\sqrt{L_1 C_\Sigma}} = \frac{1}{2\pi\sqrt{0.17 \times 10^{-6} \times 38.6 \times 10^{-12}}} = 62.2(\text{MHz})$$

在实际调试中，可以将线圈的间距调大，使电感量小于 $0.17\mu\text{H}$，因此实际调频中心频率可以比计算的频率大一些。

3）调频波发射电路设计

晶体管 V_3 构成调频波发射的放大器，选管要求：$V_{CEO} \geqslant 2V_{CC}$，$P_{CM} \geqslant P_C$，$I_{CM} \geqslant I_{cmax}$，$f_T \geqslant 5f_0$。在本书中可以采用 9018 晶体管。

高频谐振功率放大器的放大管工作在丙类状态,如果采用射极自偏电路形式,则要在基极放置通直流的扼流圈,会影响前级调频振荡器的谐振回路;因此应该采用基极自偏形式,R_9 为基极自给偏置电阻,基极负偏电压 $U_B = -I_{BQ}R_9$,使放大器工作在丙类状态。放大器的集电极负载采用并联谐振回路 L_2C_{10},谐振在调频波的中心频率;L_3C_{12} 为串联谐振回路,起到选频、以及与天线的阻抗匹配作用;L_2、L_3 均为 5.5 匝空心线圈,匝间距最小时的电感量大约为 $0.2\mu H$,当并联 30pF 电容时谐振频率约为 65MHz;通过调整线圈的匝间距可以改变线圈的电感量,从而调整回路的谐振频率。

7. 电路制作、调试与性能测试

1)电路制作要点

电路中的线圈可以用漆包线自行绕制,调节线圈的匝间距可以改变线圈的电感量,从而改变发射频率,调试时注意不能使线圈变形,否则会影响回路的 Q 值和谐振频率。LC 谐振回路与晶体管尽量靠近些,以减少分布参数。电路元件的布局按照信号的流向,不走迂回布线。

2)电路调试要点

将平时英语听力用的调频耳机作为调频话筒的接收机,用个人移动电话机播放音乐作为声源。接收频率调至 $60 \sim 70MHz$,班级同学之间应该错开选择频点才不会互相干扰。用螺丝刀(有条件者请用无感螺丝刀)反复调节振荡线圈 L_1、L_2、L_3 的稀疏(线圈的匝间距离),直到接收机传出尖叫声;慢慢移开话筒和接收机间距,同时适当调节接收机和话筒板的音量,调节收音机调谐旋钮,直到声音最清晰、距离最远为止。

3)性能测试要点

小功率调频发射机的发射距离,可以通过实际发射场景及接收效果进行测量。将发射天线用 75Ω 电阻替代,用频谱分析仪测量负载电阻上的电平,再计算出小功率调频发射机的发射功率。

8. 设计报告要求

① 分析说明所设计和制作的话筒的电路组成及工作原理。

② 给出调频话筒电路设计和参数计算过程。

③ 给出调频话筒的制作要点。

④ 给出调频话筒的调试技巧和测试方法。

⑤ 分析、说明话筒制作、调试过程中出现的问题及解决措施。

9. 问题与思考

① 为什么音频信号不能过大也不能过小？

② 为了使发射频率稳定应采取什么措施？

③ 为了使发射功率尽量大，在电路设计和调试方面可以分别采取什么措施？

4.4　超外差式无线接收机设计

1. 设计目的

① 掌握模拟通信系统中调幅接收机的工作原理及组成。

② 建立无线接收机整机的系统概念。

③ 掌握系统无线接收机调试方法，提高解决实际问题的能力。

2. 预习要求

① 复习通信电子线路中调幅发射机与接收机的工作原理和电路组成。

② 复习调幅接收机的主要性能指标。

③ 复习调幅接收机的调试及性能测试方法。

3. 设计要求

利用晶体管和其他元器件，设计一个超外差式 AM 接收机，技术要求如下。

① AM 接收频率范围：535～1605kHz。

② 电源：+3V。

③ 音频负载阻抗：8Ω。

④ 音频输出功率：使用+3V 电源时，不小于 250mW。

⑤ 灵敏度：优于 0.5mV。

⑥ 选择性：优于 18dB。

4. 实验仪表设备及实验材料

1）实验仪器设备

➤ 双踪示波器

➤ 万用表

➤ 频率计

➤ 高频信号发生器

➤ 高频毫伏表

2）实验材料

晶体管、瓷介电容器、电解电容器、电阻器、电感器等。

5. 设计原理

1）超外差式无线电接收系统的构成

无线接收系统的组成如图 4.6 所示，由高频放大电路、变频电路（本地振荡和混频）、中频放大电路、检波器、低频放大电路等部分组成。接收天线将收到的无线发射机发射的调幅（或调频）信号，经过高频放大后送到变频电路，接收信号与本振信号混频后产生中频信号，调幅波的中频频率为 465kHz，调频波的中频频率为 10.7MHz，然后经检波（或鉴频）后就可以收到与发射机相一致的音频信号，音频信号经低频放大后推动扬声器发出声音。

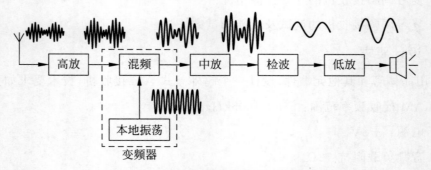

图 4.6　超外差式接收机组成框图

2）晶体管超外差式 AM 接收机

典型的超外差接收机,由接收天线、高频带通调谐回路、高频选频放大器、本地振荡、混频器、中频放大器、检波器(或鉴频器)、AGC 控制(或调频 AFC)和低频功率放大器等组成。除此之外,还具有电源、调谐指示,电子音量控制等一些辅助电路。由 6 个晶体管组成的 AM 接收机电原理图如图 4.7 所示。

晶体管 VT_1 组成共射调谐放大器,完成高频信号放大、本地振荡和混频功能,磁棒线圈 T_1 的初级绕组与 C_A 组成调幅波信号的天线调谐回路,经过 T_1 的变压器耦合将高频信号送到 VT_1 的基极,T_1 的初级绕组匝数比通常在 $2\sim 10$ 选取。L_1C_A 谐振频率在 C_A 可调范围内应能够覆盖 AM 波段,即满足:

$$f_{\text{smin}} = \frac{1}{2\pi\sqrt{L_1 C_{\text{Amax}}}} \leqslant 535(\text{kHz})$$

$$f_{\text{smax}} = \frac{1}{2\pi\sqrt{L_1 C_{\text{Amin}}}} \geqslant 1605(\text{kHz})$$

本振线圈 T_2 与 C_B 组成本地振荡谐振回路,T_2 有两组线圈构成本地振动器的正反馈通路,C_B 与 C_A 是联调电容器,L_2C_B 的频率在 C_B 的可调范围内应能够覆盖 AM 调幅波段的本振频率($1000\sim 2070\text{kHz}$);本地振荡信号经过 C_2 的耦合送到 VT_1 的射极,在晶体管 VT_1 与基极输入的调幅波信号进行混频。经 VT_1 混频后得到调幅中频信号在 VT_1 进行选频放大,由中周 T_3 组成调谐选频回路,谐振频率为中频频率 465kHz,并以变压器耦合方式将中频信号送入中频放大器。

由晶体管 VT_2 构成中频调谐放大器,中周 T_4 组成调谐选频回路,谐振频率为中频频率 465kHz,并将放大后的中频信号以变压器耦合方式送到后级检波及 AGC 控制电路。

调幅波的检波功能由 VT_3 的 be 结完成,检波得到的音频信号从 VT_3 的射极输出,C_5 为检波器的滤波电容,滤除高频成分,可调电阻器 R_P 用于音量调节。R_3 构成自动增益控制(AGC)反馈通路,当接收信号增强时,VT_3 的 I_C 电流增大,U_C 电位下降,通过电阻 R_3 又使 VT_2 的基极电位下降,即 u_{be2} 下降,从而降低 VT_2 的放大倍数、以实现 AGC 控制功能。

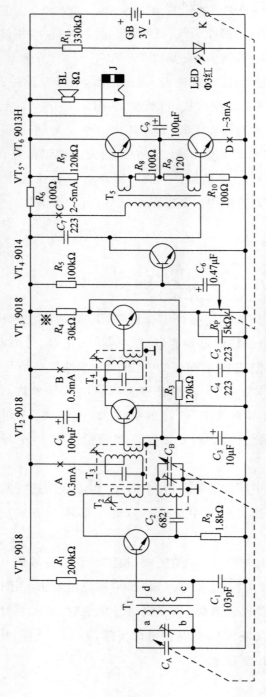

图 4.7　晶体管 AM 接收机电原理图

注：① 调试时请注意连接集电极回路 A、B、C、D（测集电极电流用）。
　　② 中放增益低时，可改变 R_4 的阻值，声音会提高。

检波后的音频信号通过 C_6 耦合送到音频激励级——VT_4 构成的共射放大器进行预放大，以驱动由 VT_5、VT_6 组成的互补推挽音频功率放大器。激励级与功放级之间用变压器 T_5 耦合，因用变压器次级线圈的同名端选择型号的极性，互补推挽管可以同为 NPN 管。当信号为正半周时，上管 VT_5 导通；当信号为负半周时，下管 VT_6 导通。R_7、R_8、R_9、R_{10} 为静态偏置电阻，其中 R_8、R_9 使 VT_5 和 VT_6 在静态时处在微导通状态，以消除交越失真。

6. 电路制作、调试与性能测试

1）电路制作要点

① VT_1、VT_2、VT_3 应选用高频晶体管（如 9018），VT_4 应选用低频晶体管（如 9014），VT_5、VT_6 为音频功放，选用中功率低频晶体管（如 9013H）。

② 电路的静态工作点设计和参数计算参考 4.1 节和 4.3 节内容。选用市面上中波短磁棒天线线圈初级匝数 100、次级匝数 10。

③ 电原理图中所标称的元件参数为参考值，可以根据实际调试情况灵活调整元件参数。

2）安装工艺要点

① 本振线圈 T_2 和中周 T_3、T_4 外壳除起屏蔽作用外，还起导线的联通作用，所以中周外壳必须可靠接地。

② T_5 为音频输入变压器，次级二个绕组是有极性的，安装时不能装反。

③ 安装时请先装低矮和耐热的元件（如电阻），然后再装大一点的元件（如中周、变压器），最后装怕热的元件（如三极管）。

④ 电阻可采用卧式紧贴电路板安装，电解电容紧贴线路板立式安装焊接。

⑤ 磁棒线圈的四根引线头可以直接用电烙铁配合松香焊锡丝来回摩擦几次即可自动镀上锡，四个线头对应焊在线路板的铜箔面。

⑥ 调谐用的双连拨盘安装时离电路板很近，所以在它的圆周内的高出部分的元件脚在焊接前先用斜口钳剪去，以免安装或调谐时有障碍影响拨盘调谐的元件。

⑦ 耳机插座的安装，焊接时速度要快，以免烫坏插座的塑料部分而导致接触不良。

3）电路调试要点

（1）静态工作点测试。

测量 AM 接收机各级电路的静态工作点,并判断各级不同功能电路是否工作在正常放大状态。

（2）中频调试。

在 VT_1 集电极加 20mV 中频调幅信号,调制信号频率为 1kHz、载波频率为 465kHz。把示波器探头接在 VT_3 基极,反复调整中周 T_3 和 T_4 的磁芯位置,使检测到的中频信号最大;或把示波器探头接在 VT_3、VT4 射极,检测检波器输出的正弦波信号,调整中周 T_3 和 T_4 的磁芯位置,使检波器输出信号达到最大为止。

（3）AM 接收波段跟踪统调。

由于输入回路和本振回路实行统一调谐,即在 AM 波段中从最低到最高频率的调谐,由同轴可变电容器进行。这种方法是在中间频率处 A(例如信号频率为 1000kHz,本振频率为 1465kHz)满足差频 465kHz 的中频要求,如图 4.8（a）所示。过 A 点作③的平行线,此时在最低和最高频率处差频(中频)分别低于和高于 465kHz,不能满足全波段的中频差频为 465kHz。为了消除这种偏差,设法将低段的本振频率提高,使得低端有一点(B 点)的差频为 465kHz;同样,将高端的本振频率降低,使得高端有一点(C 点)的差频为 465kHz。这时实线④变成 S 形,本振频率与波段频率的差频在三点上完全符合要求,如图 4.8（b）所示。这就称为三点统调。

通常,本振回路附加串联电容 C_p,C_p 称为垫整电容,其容量较大,与 C_{max} 的容量相近;还附加并联电容 C_i,C_i 称为垫补电容,其容量较小,与 C_{min} 的容量相近。这样,在本振波段中间一点的本振频率,可以由可变电容中间位置的值(考虑 C_p 和 C_i 的作用)和电感 L 确定。在本振频率的高频端,$C=C_{min}$,由于 C_i 与 C_{min} 相近,使总的电容增大,所以使高频本振频率 f_0 降低。在本振频率的低频端 $C=C_{max}$,C_t 的并联作用可忽略;串联 C_p 后,使总的电容 C 减少,所以使低端本振频率 f_0 提高。这样就达到了三点统调的目的。

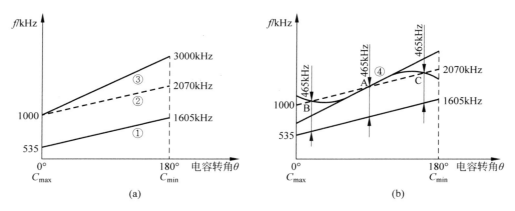

图 4.8　AM 波段三点统调调谐电容与频率关系

4）性能测试要点

① 接收功能测试：调台功能、接收频道、指示功能等。

② 接收频率范围测试：535～1050kHz。

③ 接收灵敏度和选择性测试。

④ 声音失真度与输出功率测试。

7. 设计报告要求

① 分析说明所设计制作的晶体管 AM 接收机的电路组成及工作原理。

② 给出晶体管 AM 接收机的电路设计和参数计算过程。

③ 给出晶体管 AM 接收机的制作要点。

④ 给出晶体管 AM 接收机的调试技巧和测试方法。

⑤ 分析实践过程中出现的问题及解决措施。

8. 问题与思考

① 如果没有进行波段统调会使接收机出现什么问题？如何进行 AM 无线接收机的波段统调？

② AM 接收机的灵敏度与哪些因素有关？

③ AM 接收机的选择性与哪些因素有关？

④ AM 接收机使用了多个晶体管，各个晶体管的选用有何不同要求？

4.5 集成电路的 AM/FM 接收机设计

1. 设计目的

① 熟悉常用集成电路调幅/调频接收机的工作原理及组成。

② 熟悉集成电路无线接收整机的系统概念及其应用。

③ 掌握实际无线接收机的整机调试方法。

④ 培养分析和解决实际无线接收机的复杂工程问题的能力。

2. 预习要求

① 读懂集成电路 CXA1019 的数据手册。

② 了解 CXA1019 的应用电路和主要技术指标。

③ 了解调幅/调频发射机的调试过程及性能测试。

3. 设计要求

利用实验室提供的 CAX1019 芯片和其他元器件,设计一个 AM/FM 接收机,技术要求如下。

① AM 接收频率范围：535～1605kHz。

② FM 接收频率范围：87～108MHz。

③ 电源：+3V。

④ 音频负载阻抗：8Ω。

⑤ 音频输出功率：使用+3V 电源时,不小于 250mW。

⑥ 灵敏度：优于 0.5mV。

⑦ 选择性：优于 18dB。

4. 实验仪表设备及实验材料

1) 仪器设备

➤ 双踪示波器

➤ 数字万用表

➤ 频率计

➤ 高频信号发生器

➤ 高频毫伏表

➤ 频谱分析仪

2）实验材料

集成电路、瓷介电容器、电容器、电阻器、电感器等。

5．设计原理

1）超外差式收音机集成电路

典型的超外差接收机，由接收天线、高频带通滤波器、高频放大器、本振、混频、陶瓷滤波器、中频放大器、检波器（鉴频器）、AGC 控制和低频功放等全部集成在一个扬声器等组成。对于集成电路接收机已将高放、本振、混频、中放、鉴频、AGC、低放和功放全部集成在一个集成电路内。例如，CXA1019 大规模集成电路。

CXA1019 是日本索尼公司研制的单片大规模收音机优选电路。该电路集成度高，外围元件少，性能优良。图 4.9 是 CXA1019 的内部电路方框图。从图可见，该电路包括了 AM/FM 收音机从天线输入、高放、混频、本振、中放、检波、直至音频功率放大的全部功能。除此之外，还具有调谐指示，电子音量控制等一些辅助功能。CXA1019 内设波段转换开关电路，所以，只需简单控制⑮引脚的高低电平就可以改变调频或调幅两种接收状态。电路内还设有调幅 AGC 和调频 AFC 功能。

CXA1019 电路使用的电源电压范围也较宽，从 2～8.5V 均可得到稳定的电性能。它的功耗很小，在 3V 工作的情况下，FM 波段的静态电流为 7mA，AM 波段为 3.5mA，而输出功率比较大，在 6V 电源电压下，8Ω 负载阻抗输出功率可达 500mW。

2）AM/FM 调幅调频收音机

基于集成电路 CXA1019 的 AM/FM 调幅调频收音机电路原理图如图 4.10 所示。这是具有调幅中波和调频接收功能的电原理图，如果要扩展调幅短波接收功能，需要增加短波接收调谐回路、短波本振谐振回路以及短波切换开关。

（1）调幅接收电路。

在调幅接收时，波段开关 S_1 置于 AM 挡，集成电路 CXA1019（以下简称 IC）的⑮引脚接地，IC 内部各公共通道工作在调幅接收状态。

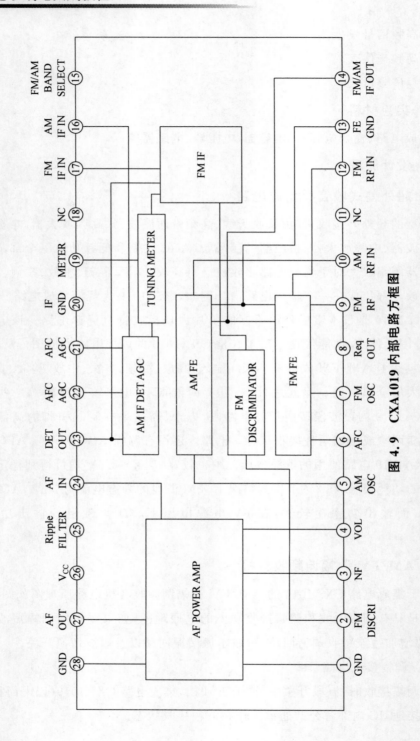

图 4.9 CXA1019 内部电路方框图

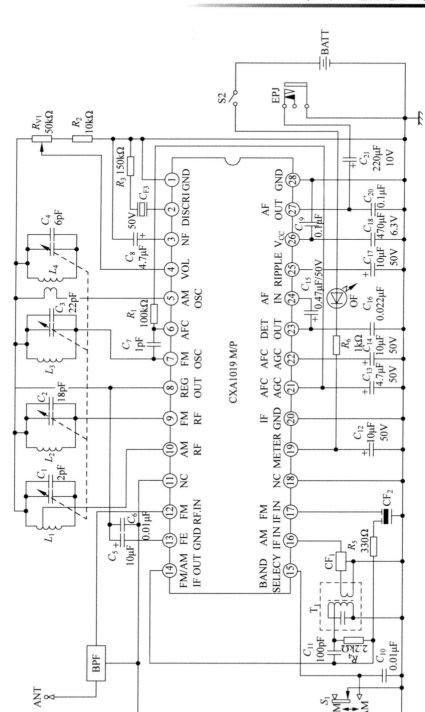

图 4.10 AM/FM 调幅调频收音机电路原理图

　　调幅天线输入电路,它是由磁棒天线 L_1、联调可变电容器及其补偿微调电容 C_1 等组成的调幅接收调谐回路,磁棒天线 L_1 的电感量为 $650\mu H$(匝数 91T＋20T),使得调幅接收调谐回路谐振在中波范围内。AM 信号从 IC 的⑩引脚馈入,调幅波本振回路由振荡线圈 L_4、联调可变电容及其补偿微调电容 C_4 等组成,本振线圈 L_4 的电感量 $270\mu H$,使得本振频率在中波本振频率范围内;振荡信号从 IC 的⑤引脚本地振荡端输入,在 IC 内部与 AM 天线接收的有用信号混频后得到 $465kHz$ 的调幅中频信号,由 IC 的⑭引脚输出。

　　电容 C_{11}(100pF)和电阻 R_4(2kΩ)组成调幅中频耦合网络,T_1 为调幅中频变压器,CF_1 是调幅中频陶瓷滤波器,$465kHz$ 中频信号经选频、滤波之后从⑯引脚进入 IC 内部的调幅中频放大器、自动增益控制(AGC)及检波电路。IC 的㉑引脚为 AGC/AFC 控制端,在 AM 状态时,中放 AGC 起作用。C_{13} 为 AGC 滤波电容,其电容值决定中放 AGC 作用的时间常数。IC 的㉒引脚适用于 J 波段(日本低本振接收制式)的 AGC/AFC 控制作用,在此设计中不起作用。

　　经中放和检波后的音频信号由㉓引脚输出,并经过耦合电容 C_{15} 耦合至 IC 的音频功放输入端㉔引脚。C_{16} 为中频滤波电容,用以去除残存的中频干扰信号;C_{16} 也是去加重电容,其电容值决定去加重大小。经音频功率放大后的信号从㉗引脚输出,由电容 C_{21} 耦合至扬声器或耳机。C_{20} 为高频噪声滤波电容,C_{20} 最好选用高频介电常数较高的电容,用以防止自激噪声。

　　IC 的⑲引脚是调谐指示输出端,此端电压随接收信号场强的增大而下降。来自㉖引脚直流电压通过发光二极管 D_1、R_6 到⑲引脚构成回路;当调准接收电台时,信号较强,⑲引脚的电位下降,使发光二极管 D_1 发亮。IC 的㉖引脚为电源输入端,C_{18} 为电源滤波电容,C_{19} 为高频滤波电容,C_{17} 是内部稳压电路的滤波电容,用以抑制电源纹波。

　　(2) 调频(FM)接收电路。

　　在调频接收时,波段开关 S_1 置于 FM 挡,集成电路的⑮引脚开路,外接高频滤波电容 C_{10}。IC 的⑮引脚呈高电平(约 1.2V),这样 IC 内部各公共通道均由电子开关切换在 FM 接收状态。

　　调频拉杆天线 ANT 经由 LC 组成的带通滤波器 BPF,将调频信号送至 IC 的

⑫引脚；该带通滤波器的作用是抑制调频波段（87～109MHz）以外的干扰信号，而使调频波段内信号能顺利通过并到达 IC 的⑫引脚进行高频放大。IC 的⑨引脚外接 FM 高放输出 LC 谐振回路负载，由天线线圈 L_2、联调可变电容及补偿电容 C_2 等组成调谐电路；天线线圈 L_2 的电感量约为 $10\,\mu H$（匝数约 4.5T），使得调频接收回路谐振在调频波段范围内。放大之后的 FM 射频信号在 IC 内与调频本振信号相混频，本振调谐回路接在⑦引脚，由 FM 本地振荡线圈 L_3、连调可变电容及补偿电容 C_3 等组成；本振线圈 L_3 电感量约为 $10\,\mu H$（匝数约 3.5T），使得回路谐振频率能够谐振在调频波本振频率范围内。

FM 混频产生的 10.7MHz 调频中频信号也从 IC 的 14 端输出，经中频陶瓷滤波器 CF_2（SFE10.7MHz）选频滤波后由⑰引脚输入，进行调频中频放大和频率检波。鉴频谐振器件 CF_3（CDA10.7MHz）接在 IC 的②引脚与地之间，这是一个固定频率的陶瓷元件，不需要调整，当然其色标频率要与 CF_2 一致。R_3 与 CF_3 串联，使得 S 曲线增益适中、均匀，曲线形状以及线性范围都较好。

调频信号自动频率控制（AFC）作用由㉑引脚承担，该端的频率特性与中频频率特性呈反 S 曲线的关系。经 C_{13} 滤波后的直流控制电压由 R_1 反馈到 IC 的⑥引脚，改变⑥引脚内接可变电抗器的等效结电容，实际也就改变了⑦引脚外接本振回路的谐振电容，在一定频率范围内校正本振频率。高频电容 C_7 用来调节 AFC 的引入深度，一般使 AFC 作用调在 $\pm250 kHz$ 的范围内。

6. 电路制作与调试

1）电路制作要点

① 根据 CAX1019 数据手册，选择和设计芯片外围电路参数。

② 选用市面上 AM 磁棒天线线圈。

③ 对 FM 通路的布板，尽量减小电路分布参数。

2）安装工艺要点

① 本振线圈和中周外壳除起屏蔽作用外，还起导线的联通作用，所以中周外壳必须可靠接地。

② 安装时请先装低矮和耐热的元件（如电阻），然后再装大一点的元件（如中

周、变压器),最后装怕热的元件(如三极管)。

③ 电阻可采用卧式紧贴电路板安装,电解电容紧贴线路板立式安装焊接。

④ 磁棒线圈的四根引线头可以直接用电烙铁配合松香焊锡丝来回摩擦几次即可自动镀上锡,四个线头对应焊在线路板的铜泊面。

⑤ 调谐用的双连拨盘安装时离电路板很近,所以在它的圆周内的高出部分的元件脚在焊接前先用斜口钳剪去,以免安装或调谐时有障碍影响拨盘调谐的元件。

3) 电路调试要点

(1) 中频调试。

当接收 AM 信号时,调节 T_1 使芯片 CAX1019 的 ⑯ 引脚输入最大,此时检波输出音频信号也最大。当接收 FM 信号时,FM 中频由陶瓷带通滤波器 CF_2 选定,不需要调整。

(2) AM/FM 接收波段跟踪统调。

AM/FM 接收波段跟踪统调可以参考本章 4.5 节的内容,统调的原理和方法基本相同,即波段内本振频率与接收频率之差有三点完全符合中频要求;差别在于本节 AM/FM 接收机的统调多了 FM 波段,AM 波段和 FM 波段的统调要分别进行调试。

7. 设计报告要求

① 分析设计基于集成电路 CXA1019 的 AM/FM 接收机的电路组成及工作原理。

② 给出集成芯片 CXA1019 外围电路设计。

③ 给出 AM/FM 接收机的调试方法和测试结果。

④ 说明 AM/FM 接收机在调试过程中出现的问题及解决措施。

⑤ 写出心得体会。

8. 问题与思考

① 如何分别实现 AM/FM 波段统调?

② 集成电路接收机的灵敏度与哪些因素有关?

③ 集成电路接收机的选择性与哪些因素有关?

④ 如果 AM 要求同时兼容中波段和短波段接收,应如何更改接收机电路?

4.6　基于锁相环频率合成的射频信号源

1. 设计目的

① 掌握锁相环(PLL)频率合成器的电路结构及其工作原理。

② 了解锁相环频率合成器的性能指标。

③ 掌握基于频率合成器的射频信号源的设计方法。

④ 练习射频电路的 PCB 布板。

2. 预习要求

① 读懂程控放大器 LMX2306 和 MAX2606 的数据手册。

② 了解集成电路 LMX2306 和 MAX2606 的应用领域和主要技术指标。

③ 了解频率合成器的应用领域。

3. 设计要求

设计基于 PLL 集成电路 LMX2306 芯片和压控振荡集成芯片 MAX2606,设计并制作射频信号源。要求设计指标如下:

① 输出信号频率范围 88~110MHz,频率间隔为 0.1MHz。

② 频率稳定度优于 $10^{-6}/\mathrm{min}$。

③ 输出负载阻抗为 50Ω。

④ 输出功率不小于 1mW。

⑤ 能够键盘输入并显示频率数据。

4. 实验仪器设备与实验材料

1) 实验仪器设备

➤ 双踪示波器

➤ 频率计数器

➤ 数字万用表

➤ 直流稳压电源

➤ 频谱分析仪

2）实验材料

集成芯片：锁相环频率合成器 LMX2306，压控振荡器 MAX2606，单片机 AT89C2051 开发版。

5. 设计原理

1）锁相环频率合成器的工作原理

利用锁相环可以构成频率合成器，其原理框图如图 4.11 所示。

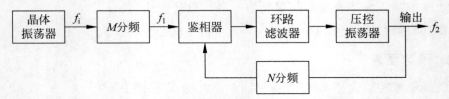

图 4.11　锁相环频率合成器的原理框图

输入信号频率 f_i，经固定分频（M 分频）后得到基准频率 f_1，把它输入相位比较器的一端，VCO 输出信号经可预制分频器（N 分频）后输入到相位比较器的另一端，这两个信号进行比较，当 PLL 锁定后，得到

$$\frac{f_i}{M} = \frac{f_2}{N}, \quad f_2 = \frac{N}{M}f_i = Nf_1$$

当 N 变化时，输出信号频率响应跟随输入信号变化。

2）基于 PLL 频率合成器的视频信号源

（1）PLL 频率合成器集成芯片。

市面上有丰富多种的频率合成器集成产品，被广泛地应用在高频信号源、各类接收机的数字调谐、移动基站的本振等场合。根据本设计要求，可以选用 ADI 公司的 ADF4110、TI 公司的 LMX2306、NXP 的 SA8026 等芯片，均能够满足本设计要求。下面以 TI 公司的 LMX2306 锁相环频率合成器集成芯片为例，其引脚封装如图 4.12 所示，LMX2306 的最高工作频率为 550MHz，电源电压为 2.3～5.5V；在 3V 电源情况下其消耗电流为 1.7mA，功耗非常小。当 LMX2306 与一个高质量的基准振荡器和环路滤波器组合，加上压控振荡器就可以构成完整的锁相环系统，可以为射频无线电收发机提供稳定而低噪声的本地振荡信号，应用于无线通信、无线本地网、有线电视、无线接收机等。

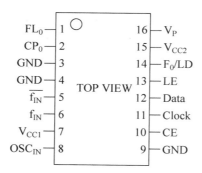

图 4.12 LMX2306 引脚图

LMX2306 的内部功能框图如图 4.13 所示。由前置分频器（PRESCALER）、振荡器（OSC）、14 位 R 计数器（14-BIT R COUNTER）、18 位 N 计数器（18-BIT N COUNTER）、21 位数据寄存器（21-BIT DATA REGISTER）、18 为功能锁存器（18-BIT FUNCTION LATCH）、相位比较器（PHASE COMP）、快速锁定（FASTLOCK）、锁定检测（LOCK DETECT）、充电泵（CHARGE PUMP）、F_0/LD 多路复用器（F_0/LD MUX）等电路组成。其中 LMX 的前置分频器的分频系数为 8，N 计数器由 5 位 A 分频计数器和 13 位 B 分配计算器组成。

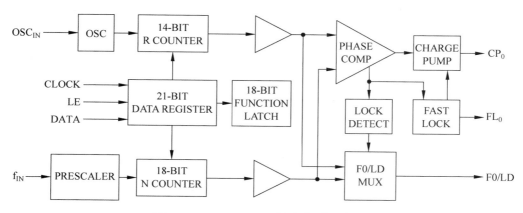

图 4.13 LMX2306 的内部功能框图

LMX2306 的工作通过串行数据通信接口（DATA、LE、CLK）进行控制，其数据传输时序如图 4.14 所示。在 LE 有效，时钟处于上升沿时，在 DATA 输入的串行数据被传输，首先输入的数据是 MSB 位，最后两位是控制位 C_1、C_2。基准分频器（R 计数器）和 N 分频器（N 计数器）均通过编程控制。

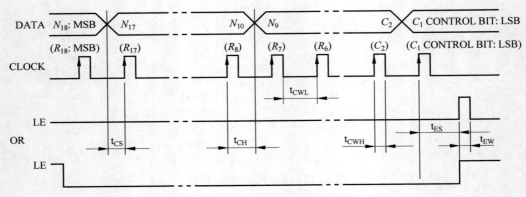

图 4.14 LMX2306 的时序图

LMX2306 的应用电路如图 4.15 所示,在引脚端子 REF_{in} 输入基准频率信号; 引脚端子 LE、DATA、CLK、为数据传输接口,接到微控制器;CE 为芯片使能端, 可以直接高电平或接到微控制器;引脚 FL_0、CP_0 外接 RC 环路滤波器;引脚端子

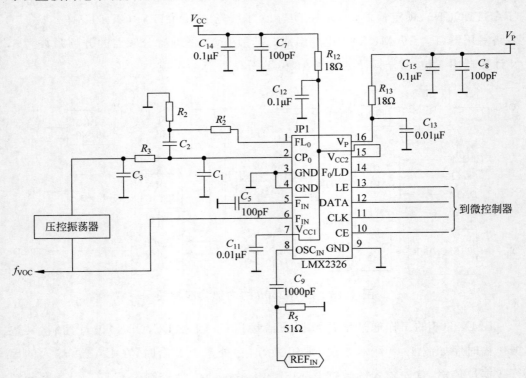

图 4.15 LMX2306 的应用电路原理图

F_{in} 输入压控振荡信号。C_1、C_3、R_3 构成环路滤波器，R_2、R_2'、C_2 将快速锁定输出耦合到环路滤波器。

（2）压控振荡器集成芯片。

本设计采用的压控振荡器芯片 MAX2606 的引脚封装及内部原理框图如图 4.16 所示。由 LMX2306 的鉴频鉴相器输出正比于输入信号相位差的电流信号，经过环路滤波器输出的电压信号，接到 MAX2606 压控振荡器的输入端 TUNE 来控制 MAX2606 的输出频率；MAX2606 为差分输出端口设计，也可以接成单端输出，输出频率范围是 70～150MHz。MAX2606 的电源电压为 2.7～3.3V。

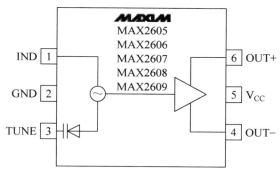

图 4.16　MAX2606 的引脚图

MAX2606 的应用电路原理如图 4.17 所示，压控电压范围 0.4～2.4V，即 TUNE 加电压 0.4V 时振荡频率最小，TUNE 加电压 2.4V 时振荡频率最大。在振荡频率 70～150MHz 范围内，电感 L_F 的取值：150nH≤LF≤820nH，为确保压控振荡器能够稳定起振，建议 L_F 的 Q 值不小于 35。旁路电容的取值：C_{BYP}≥680pF。

（3）基于锁相环频率合成器的射频信号源。

基于锁相环频率合成器的射频信号源如图 4.18 所示。外置基准频率振荡器给 LMX2306 提供基准频率信号，由键盘输入所要合成的输出信号频率，MCU 按照程序生成响应的数据去控制 LMX2306 的计数器分频率；在 LMX2306 内部对 Fin 分频后的信号与 f_{osc} 分配后信号进行相位比较，产生相对应的电荷泵输出；再经环路滤波去控制压控振荡器，产生合成频率 f_{voc} 信号，输出信号频率计算公式为

$$f_{voc} = \frac{P \times B + A}{R} \times f_{osc}$$

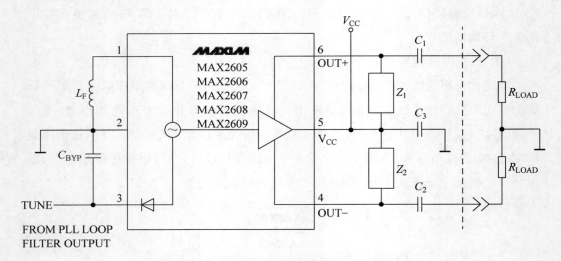

图 4.17 MAX2606 应用电路原理图

式中,$P=8$,B 为 B 计数器的分频率,A 为 A 计数器的分频率,R 为 R 计数器的分频率,f_{OSC} 为基准频率。

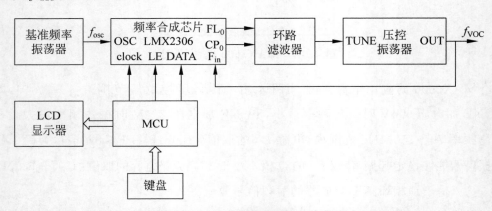

图 4.18 锁相环频率合成器的射频信号源系统框图

6. 电路制作与调试

1) 电路制作要点

由于电路工作在较高的射频频率,PCB 的布板要严格按照高频电路的设计原则,尽量减小 PCB 的分布参数。LMX2306、MCU 是数字电路,MAX2606 是模拟电路,PCB 布板和退耦电路是应考虑模数电路区分原则。

基准频率振荡器选用晶体振荡器,以提供频率的稳定度和精度;根据建议参数选择 LMX2306 和 MAX2606 的外围电路参数。

2)电路调试要点

在没有高频示波器的条件下,可以用频谱分析仪来观测射频信号。

7. 设计报告要求

① 阐述系统组成及工作原理。

② 集成电路 LMX2306 分频器设计及控制程序流程图。

③ 给出集成电路 LMX2306、MAX2606 外围电路设计。

④ 给出测试与结果。

⑤ 说明锁相环频率合成射频信号源在调试过程中出现的问题及解决措施。

⑥ 写出心得体会。

8. 问题与思考

① 如何设计合成频率范围?

② 如何实现频率步进(间隔)设计?

③ 如何保证压控振荡器的振荡频率范围? 保证振荡可靠?

④ 分析影响锁相环频率合成器生产的信号频率纯度有哪些因素?

4.7 基于频率合成器的数字调谐 FM 接收机

1. 设计目的

① 熟悉锁相环频率合成器的应用。

② 掌握数字调谐 FM 接收机的设计方法。

③ 训练射频电路设计及 PCB 布板。

2. 预习要求

① 熟悉集成电路 CAX1019、LMX2306 和 MAX2606 的主要功能和技术指标。

② 了解锁相环频率合成器在接收机中的应用。

③ 了解数字调谐接收机的组成及工作原理。

3. 设计要求

把本章 4.6 节设计的射频信号源用作本章 4.5 节设计的 FM 接收机的本振信号,实现 FM 接收机的数字调谐。

① 数字调谐 FM 接收频率范围:87～108MHz。

② 数字调谐频率间隔为 0.1MHz。

③ 能够用键盘键入调谐频率并在显示屏显示。

④ 在键盘上设置"频率+"和"频率-"功能键。

⑤ 在键盘上设置"AUTO 预置"功能键,并能够实现全频段自动搜索和存储电台。

⑥ 其他接收性能指标同 4.5 节的调频接收部分。

4. 实验仪器设备与实验材料

1) 仪器设备

➢ 双踪示波器

➢ 频率计数器

➢ 数字万用表

➢ 直流稳压电源

➢ 频谱分析仪

2) 实验材料

集成芯片:锁相环频率合成器 LMX2306,压控振荡器 MAX2606,单片机 AT89C2051 开发版,FM 接收芯片 CAX1019。

5. 设计原理

如果将本章 4.6 节锁相环频率合成的射频频信号源,用作本章 4.5 节的 FM 接收机的本振信号,就可以构成基于锁相环频率合成器的数字调谐 FM 接收机,其组成框图如图 4.19 所示。锁相环频率合成的射频信号源的输出信号直接送到原本振输入端 FMosc,替代原本振 LC 调谐回路;在 FM 的 RF 信号谐振回路用变容二极管替代原 LC 回路的可调电容。MCU 根据键盘输入的调谐频率输出对应 PWM 信号,经过积分滤波后得到直流控制电压,加到变容二极管,使变容二极管的电容量随这个直流控制电压相应变化,从而实现对 FM 信号的调谐。

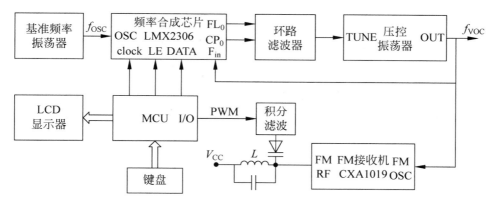

图 4.19 频率合成调谐 FM 接收机系统框图

6. 电路制作与调试

1) 电路设计与制作要点

由于数字调谐接收机工作在较高的射频频率,电路设计要遵循射频电路的设计原则;同时有模拟电路和数字电路,退耦电路的设计要考虑模拟、数字混合电路的设计原则;调谐回路电容器采用温度漂移较小的电容器。整机 PCB 的布板要严格按照高频电路的设计原则,尽量减小 PCB 的分布参数,模拟、数字部分电路的 PCB 布板严格区分。

2) 电路调试要点

数字调谐接收机直接调谐所要频率,不需要手动调谐那样的频段统调。本振信号不能太强,以免造成变频干扰。

在没有高频示波器的条件下,可以用频谱分析仪来观测输出信号。

7. 设计报告要求

① 阐述数字调谐 FM 接收机的组成及工作原理。

② 给出频率合成器的数字调谐 FM 接收机的各芯片间的电路设计。

③ 给出 CAX1019 的 FM 信号的调谐回路设计。

④ 给出数字调谐 FM 接收机的整机测试指标与结果分析。

⑤ 说明数字调谐 FM 接收机在调试过程中出现的问题及解决措施。

⑥ 写出心得体会。

8．问题与思考

① 给定接收频率范围 87～108MHz，如何设计数字调谐接收机的本振频率？

② 如何设计 PWM 控制的 FM 信号调谐电压的电路及控制程序？

③ 如何实现 FM 信号频率与本振频率的联调？

④ 基于锁相环频率合成器的数字调谐与手动调谐 FM 接收机相比，有什么优点？

通信电子线路常用集成电路功能名称及型号

功能名称	型号
通用运算放大器	LM358
通用运算放大器	μA741
低功耗调频接收器	MC3361
压控振荡器芯片	LM566
单片锁相环芯片	LM565
单片调频接收器	MC3362
通用功率放大器	LM386
同步加法计数器	CD4518
CMOS 锁相环芯片	CD4046
单片函数发生器	ICL8038
锁相式频率合成器	MC145151-2
集成模拟乘法器	MC1496
通用运算放大器	LF353
集成宽带放大器	AD603
锁相环频率合成器	LMX2306
射频压控振荡器	MAX2606
AM/FM 接收机	CAX1019

功率电平与功率值的换算

dBm 是功率电平,其单位是分贝毫瓦。它是一个相对功率单位,其值表示以 1mW 为基准的换算功率值。公式为

$$x(\text{dBm}) = 10\lg \frac{P(\text{mW})}{1\text{mW}} \tag{B.1}$$

根据式(B.1),两个基准功率值为

$$+0\text{dBm} = 1\text{mW}$$

$$+30\text{dBm} = 1000\text{mW} = 1\text{W}$$

功率计算方法如下:

(1) 每增加 3dBm 时,举例如下。

$$+3\text{dBm} = 0\text{dBm} + 3\text{dBm} = 1\text{mW} \times 2 = 2\text{mW}$$

$$+6\text{dBm} = 0\text{dBm} + 3\text{dBm} + 3\text{dBm} = 1\text{mW}2 \times 2 = 4\text{mW}$$

$$+27\text{dBm} = +30\text{dBm} - 3\text{dBm} = 1\text{W} \times 1/2 = 0.5\text{W}$$

$$+24\text{dBm} = +30\text{dBm} - 3\text{dBm} - 3\text{dBm} = 1\text{W} \times 1/2 \times 1/2 = 0.25\text{W}$$

(2) 每增加 10dBm 时,举例如下。

$$+10\text{dBm} = 0\text{dBm} + 10\text{dBm} = 1\text{mW} \times 10 = 10\text{mW}$$

$$+40\text{dBm} = 30\text{dBm} + 10\text{dBm} = 1\text{W} \times 10 = 10\text{W}$$

$$-10\text{dBm} = 0\text{dBm} - 10\text{dBm} = 1\text{mW} \times 1/10 = 0.1\text{mW}$$

$$+20\text{dBm} = 30\text{dBm} - 10\text{dBm} = 1\text{W} \times 1/10 = 0.1\text{W}$$

由两个计算方法,得出的两个转换法,如下:

(1) +1dBm 和 −1dBm 的计算,举例如下。

$$+1\text{dBm} = +10\text{dBm} - 3\text{dBm} - 3\text{dBm} - 3\text{dBm} = 10 \times 1/2 \times 1/2 \times 1/2 = 1.25$$

-1dBm$=-10$dBm$+3$dBm$+3$dBm$+3$dBm$=0.1\times2\times2\times2=0.8$

即每增加 1dBm,则功率值乘以 1.25 倍,每减少 1dBm,功率值乘以 0.8。

（2）$+2$dBm 和-2dBm 的计算,举例如下。

$$+2\text{dBm}=+3\text{dBm}-1\text{dBm}=2\times0.8=1.6$$

$$-2\text{dBm}=-3\text{dBm}+1\text{dBm}=1/2\times1.25=0.625$$

所以,每增加 2dBm,功率值乘以 1.6,每减少 2dBm,功率值乘以 0.625。

附录 C
APPENDIX C

实验报告册参考格式

（标题）

姓名：_____ 学号：_____ 专业：_____

实验地点：_____ 实验时间：_____ 同组人员：_____

指导老师签字：_____ 成绩：_____

一、实验目的

(1)……

(2)……

(3)……

二、实验仪器与设备

(1)……

(2)……

(3)……

三、实验原理

(1)基本概念

……

(2)原理电路

……

(3)……

四、实验内容

（1）实验内容与方法

……

（2）测量实验数据

测量需要的数据并记录……

处理方法和计算结果……

五、总结与心得体会

……

参 考 文 献

[1] 于洪珍.通信电子电路[M].3 版.北京:清华大学出版社,2016.

[2] 刘国华,林弥,罗友.通信电子线路实践教程[M].北京:电子工业出版社,2015.

[3] 王艳芬,冯伟,刘洪彦.通信电子电路实验指导[M].北京:清华大学出版社,2006.

[4] 吴元亮.通信电子线路实践教程[M].北京:电子工业出版社,2020.

[5] 余萍,程文清,车辚辚.通信电子电路综合实验[M].北京:清华大学出版社,2012.

[6] 杨霓清.高频电子线路实验与综合设计[M].北京:机械工业出版社,2009.

[7] 朱昌平,高远.高频电子线路实践教程[M].北京:电子工业出版社,2016.

[8] 鲍景富,陈瑜.高频电路设计与制作[M].成都:电子科技大学出版社,2012.

[9] 杨翠娥.高频电子线路实验与课程设计[M].哈尔滨:哈尔滨工程大学出版社,2005.

[10] [日]市川裕一,青木胜.高频电路设计与制作[M].卓圣鹏,译.北京:科学出版社,2006.

[11] [日]铃木宪次.高频电路设计与制作[M].何中庸,译.北京:科学出版社,2005.

[12] [美]JOSEPH J CARR.射频电路设计[M].3 版.北京:电子工业出版,2001.

[13] [日]远坂俊昭.锁相环(PLL)设计与应用[M].何希才,译.北京:科学出版社,2006.

[14] 张厥胜,郑继禹,万心平.锁相技术[M].西安:西安电子科技大学出版社,2000.

[15] 黄智伟.锁相环与频率合成器电路设计[M].西安:西安电子科技大学出版社,2008.

[16] 陈祝明.软件无线电技术基础[M].北京:高等教育出版社,2008.

[17] 王宁射.高频低噪声放大器的设计[J].计算机与信息技术,2009(10).

[18] 戚茜,高天德.高频电子线路实验教程[M].3 版.西安:西北工业大学出版社,2019.

[19] 陈艳华,李朝晖,夏玮.ADS 应用详解:射频电路设计与仿真[M].北京:人民邮电出版社,2008.

[20] 史丽娟,赵剑.通信电子线路实验与课程设计[M].北京:清华大学出版社,2013.

[21] 杨福宝.通信电子线路设计[M].武汉:武汉大学出版社,2013.

[22] 赵同刚,高英,崔岩松.通信电子电路实验与仿真[M].北京:北京邮电大学出版社,2016.

[23] 薛定宇,陈阳泉.基于 MATLAB/Simulink 的系统仿真技术与应用[M].北京:清华大学出版社,2002.

[24] 孙肖子.现代电子线路和技术实验简明教程[M].北京:高等教育出版社,2004.